Modulare Produktsysteme

Europäische Hochschulschriften
Publications Universitaires Européennes
European University Studies

Reihe V
Volks- und Betriebswirtschaft

Série V Series V
Sciences économiques, gestion d'entreprise
Economics and Management

Bd./Vol. 2445

PETER LANG
Frankfurt am Main · Berlin · Bern · New York · Paris · Wien

Elisabeth Wohlgemuth-Schöller

Modulare Produktsysteme

PETER LANG
Europäischer Verlag der Wissenschaften

Die Deutsche Bibliothek - CIP-Einheitsaufnahme

Wohlgemuth-Schöller, Elisabeth:

Modulare Produktsysteme / Elisabeth Wohlgemuth-Schöller. -
Frankfurt am Main ; Berlin ; Bern ; New York ; Paris ; Wien :
Lang, 1999
(Europäische Hochschulschriften : Reihe 5, Volks- und
Betriebswirtschaft ; Bd. 2445)
Zugl.: Heidelberg, Univ., Diss., 1998
ISBN 3-631-34595-X

D 16
ISSN 0531-7339
ISBN 3-631-34595-X

Vorwort

Die vorliegende Arbeit entstand während meiner Tätigkeit als wissenschaftliche Mitarbeiterin an der Wirtschaftswissenschaftlichen Fakultät der Ruprecht-Karls-Universität Heidelberg.

Mein besonderer Dank gilt meinem Doktorvater, Herrn Prof. Dr. Dietfried Günter Liesegang, Ordinarius des Lehrstuhls für Betriebswirtschaftslehre I am Alfred Weber-Institut der Universität Heidelberg, für die Betreuung meiner Arbeit. In kritischen Phasen stand mir Herr Prof. Liesegang stets mit Anregungen und Unterstützung zur Seite. Von ihm und dem gesamten BWL-Team wurden mir die notwendigen Freiräume für die Ausarbeitung meiner Dissertation gewährt. Bedanken möchte ich mich vor allem auch bei Herrn Prof. Dr. Roland Fahrion für die Übernahme des Korreferats und für sein Engagement.

Der praxisorientierte Teil der Arbeit wurde durch die Kooperation der Firmen Goldhofer Fahrzeugtechnik GmbH, MAN Logistics GmbH, Schindler Aufzüge AG, Stein Automation GmbH, Peter Brehm GmbH und ABB Henschel AG ermöglicht. Dank sagen möchte ich Herrn Habernegg von der Goldhofer GmbH und Herrn Vogelsang von der MAN Logistics GmbH, die mir für ein Interview ihre Zeit schenkten. Ebenso danke ich Herrn Wolfgang Leidig und Herrn Dieter Schmittner für ihre Unterstützung.

Für die kritische Durchsicht des Manuskripts bedanke ich mich ganz herzlich bei meiner Schwester Eva Wohlgemuth. Dennoch trage ich für alle Mängel der Arbeit die alleinige Verantwortung.
Großen Dank kommt meinen Eltern und meinen vier Schwestern zu, die mir auf meinem bisherigen Lebenweg stets mit Rat und Tat zur Seite standen und mich in schwierigen Situationen aufmunternd unterstützten.

Danken möchte ich zum Schluß meiner Tochter Annkatrin Schöller für ihre Geduld und meinem Mann Frank Schöller für sein Verständnis. Ihm widme ich diese Arbeit.

Heidelberg, im Juli 1998 Elisabeth Christine Wohlgemuth-Schöller

Inhaltsverzeichnis

Abbildungsverzeichnis

Tabellenverzeichnis

Abkürzungsverzeichnis

ABB	Asea Brown Boveri
Art.	Artikel
Aufl.	Auflage
Bd.	Band
bearb.	bearbeitet
bzgl.	bezüglich
bzw.	beziehungsweise
ca.	circa
CAD	Computer Aided Design
CAM	Computer Aided Manufacturing
CIM	Computer Integrated Manufacturing
CNC	Computerized Numerical Control
CPU	Central Processing Unit
d.h.	das heißt
DBW	Die Betriebswirtschaft
DIN	Deutsche Industrienorm
Diss.	Dissertation
DNC	Direct Numerical Control
durchges.	durchgesehen
e.V.	eingetragener Verein
EDI	Electronic Data Interchange
EDV	Elektronische Datenverarbeitung
erg.	ergänzt
erw.	erweitert
et al.	et alteri (und andere)
etc.	et cetera (und so weiter)
F&E	Forschung und Entwicklung
f.	folgende
ff.	fortfolgende
FFS	Flexible Fertigungssysteme
FIR	Forschungsinstitut für Rationalisierung
Habil.	Habilitation
Hrsg.	Herausgeber
hrsg.	herausgegeben
i.d.R.	in der Regel
ISO	International Standard Organization
IZT	Institut für Zukunftsstudien und Technologiebewertung
Jg.	Jahrgang
Kfz	Kraftfahrzeug
lmi	leistungsmengeninduziert
lmn	leistungsmengenneutral
MCC	Micro Compact Car AG

MJ	Mannjahre
MRP	Modulare RevisionsProthese
NC	Numerical Control
No.	numero
Nr.	Nummer
o.J.	ohne Jahr
o.V.	ohne Verfasser
PC	Personal Computer
PKW	Personenkraftwagen
QFD	Quality Function Deployment
S.	Seite
SAFB	Schmitz-Anhänger Fahrzeugbau-Gesellschaft mbH
Sp.	Spalte
TÜ	Technische Überwachung
u.	und
u.a.	unter anderem
u.d.T.	unter dem Titel
überarb.	überarbeitet
Univ.	Universität
usw.	und so weiter
UWF	Umwelt Wirtschafts Forum
v. Chr.	vor Christus
v.a.	vor allem
VDI	Verein Deutscher Ingenieure
VDI-Z	Zeitschrift des Vereins Deutscher Ingenieure
verb.	verbessert
vgl.	vergleiche
Vol.	volume
VW	Volkswagen
WiSt	Wirtschaftswissenschaftliches Studium
WISU	Das Wirtschaftsstudium
wt	Wissenschaft und Technik
WTS	Werkstückträger-Transportsystem
z.B.	zum Beispiel
ZFB	Zeitschrift für Betriebswirtschaft
zfbf	Schmalenbachs Zeitschrift für betriebswirtschaftliche Forschung
ZP	Zeitschrift für Planung
zugl.	zugelassen
ZWF	Zeitschrift für wirtschaftlichen Fabrikbetrieb

Immer strebe zum Ganzen und
- kannst du selber kein Ganzes werden -
schließ dich als dienendes Glied an ein Ganzes an.

Schiller

1. Einleitung

1.1. Problemstellung

Aus einzelwirtschaftlicher Sicht ist eines der wichtigsten Ziele eines Unternehmens die Sorge um den Fortbestand des Unternehmens und damit um die Behauptung im Wettwerb gegenüber den Konkurrenten. Primär kann das angebotene Produktprogramm für die Überlebenschance eines Unternehmens verantwortlich gemacht werden.[1] Um die Akzeptanz des Produktprogramms am Markt durchzusetzen, gilt es den Bedürfnissen des Marktes gerecht zu werden. Besonders für Unternehmen, die technische Produkte herstellen, ist das Angebot von kundengerechten Produkten von existentieller Wichtigkeit.[2]

Die Anforderungen, die vom Unternehmensumfeld an das Produktprogramm der produzierenden Unternehmen gestellt werden, sind in der heutigen Zeit durch Vielschichtigkeit gekennzeichnet. Zum einen hält die Nachfrage nach spezifischen Produkten durch die starken Individualisierungstendenzen von seiten der Konsumenten nach wie vor an. Zum anderen ist eine Verkürzung der Produktlebenszeiten und der damit zusammenhängenden Innovationszyklen zu beobachten. Die mechanische Schreibmaschine beispielsweise wurde erst nach ca. 35 Jahren von der elektrischen Schreibmaschine abgelöst. Diese wiederum hatte einen Lebenszyklus von ungefähr zwanzig Jahren. Betrachtet man heute Textverarbeitungsprogrammversionen von Personal Computern, so ist festzustellen, daß oft nach kaum einem halben Jahr eine neue, noch leistungsfähigere Version die alte Version verdrängt.[3]

Ein weiteres Problem ist, daß der Markt den Unternehmen die Notwendigkeit für die Einführung neuer Produkte und Dienstleistungen erst sehr spät signalisiert. Ein schnelles Reagieren auf Marktveränderungen wird durch mangelnde Flexibilität häufig unmöglich.[4] Damit bleiben die Marktanforderungen oft unerkannt, und viele Produkte werden dadurch am Markt vorbeientwickelt.[5]

---

1 Vgl. Hauck, H. (1995), S. 7.
2 Vgl. Fricke, G./Lohse, G. (1997), S. 1
3 Vgl. Kluge, J. (1995), S. 7.
4 Vgl. Kluge, J. (1995), S. 7.
5 Vgl. Liappas, I./Sempf, U. (1995), S. 1.

Die Individualisierungstendenzen der Konsumenten und die Verkürzung der Produktlebenszeiten sind nur zwei von vielen Faktoren, die das Produktprogramm beeinflussen. Unterliegen diese Einflußfaktoren einer Veränderung, muß das Produktprogramm entsprechend angepaßt werden, um den Anforderungen des Marktes gerecht zu werden.
Da die Unternehmen besonders hinsichtlich ihrer Produkte dem Druck eines globalen Wettbewerbs ausgesetzt sind, besteht ihre Reaktion auf Veränderungen der Einflußfaktoren aus einem vielfältigen Angebot mit einer starken Konzentration auf das Einzelprodukt. Es kommen Unikate im Produktprogramm zustande, die unvollständig dokumentiert und nur mit hohem Aufwand gewartet werden können, weil beispielsweise immer neue Kundenwünsche berücksichtigt werden.[6] Das Angebot vielfältiger Produkte führt zu einer steigenden Variantenzahl[7], als deren Folge sich ein unkontrolliert aufgeblähtes Produktprogramm ergibt, das - verursacht durch lange Entwicklungszeiten - Produkte enthält, die bei ihrer Markteinführung eventuell bereits veraltet sind und nicht mehr dem Wunsch des Konsumenten entsprechen. Mit größer werdender Variantenzahl geht eine zunehmende Produktkomplexität einher, die durch wachsende Technologieansprüche[8] meist nur mit erhöhten Produktentwicklungszeiten und Entwicklungskosten[9] zu bewältigen ist. Es kommt zum Aufbau eines Spannungsfeldes zwischen abnehmender Produktlebens- und zunehmender Produktentstehungszeit.[10]
Zusammenfassend besteht für die produzierenden Unternehmen die Schwierigkeit, in einem turbulenten Umfeld zu produzieren[11] und dabei Produkte rechtzeitig am Markt anzubieten, die sowohl den sich verändernden Kundenwünschen als auch dem neusten technischen Fortschritt entsprechen bei gleichzeitiger Berücksichtigung des Wettbewerbs- und Kostendrucks von seiten der Konkurrenz.

Ein Ansatzpunkt zur Bewältigung solcher Probleme ist das Überdenken der Produktkonzeption. Für ein zeitgemäßes Produktprogramm sind solche Gestaltungsmethoden von Vorteil, die auf flexible Art und Weise durch beliebige Variierbarkeit, Anpaßbarkeit und Veränderbarkeit an wechselnde Marktbedingungen angeglichen werden können. In Abkehr von der Konzentration auf das

6 Vgl. Liappas, I./Sempf, U. (1995), S. 1.
7 Vgl. Lingnau, V. (1994), S. 178.
8 Vgl. hierzu Scherm, E. (1996), S. 45.
9 „Schon 1978 wies L. H. Putnam in den Vereinigten Staaten nach, daß mit wachsender Komplexität eines Produktes dessen Entwicklungskosten nicht linear steigen, sondern exponentiell ...“. Hagel, J./Kluge, J. (1988), S. 7.
10 Vgl. hierzu Wildemann, H. (1998a), S. 1 und Schmidt, R. (1996), S. 1.
11 Vgl. Warnecke, H.-J. (1997), S. 3.

Einzelprodukt gilt es zudem die strukturellen Zusammenhänge zwischen Produktfamilien und Produktgenerationen zu erkennen.[12]
Ausgangspunkt dieser Arbeit ist die Analyse eines Produktsystems zum Zwecke der Komplexitätsreduzierung und -gestaltung. Als Möglichkeit einer flexiblen Produktgestaltung sollen modulare Produktstrukturen Berücksichtigung finden. Modularität als spezielles Gestaltungsprinzip erlaubt die Zusammenstellung individuell gestalteter Produkte auf der Basis standardisierter Bausteine.[13] In letzter Zeit ist zu bemerken, daß einige Branchen, wie z.B. die Automobilbranche oder die Flugzeugindustrie, immer häufiger modulare Produktkonzepte entwickeln und verwirklichen. Gemäß dem Motto „... nach innen Vereinfachen, nach außen Differenzieren ...“[14] werden einfach gestaltete Module unter Berücksichtigung der Schnittstellenoptimierung zu flexiblen und spezifischen Produkten kombiniert.

Im folgenden soll die mit der vorliegenden Arbeit verfolgte Zielsetzung und die dazu gewählte Vorgehensweise vorgestellt werden.

1.2. Zielsetzung und Vorgehensweise

Modular aufgebaute Produkte stehen als Untersuchungsgegenstand im Mittelpunkt dieser Arbeit. Ihre stärkste Ausprägung finden modulare Produktgestaltungprinzipien in Baukastensystemen.[15] Das Baukastenprinzip findet schon lange bei der Produktherstellung Verwendung. Bereits vor Jahrtausenden war die Baukastenbauweise eine beliebte Gestaltungsmethode, z.B. bauten die Ägypter ihre Pyramiden aus vereinheitlichten Bauelementen.[16] Betrachtet man den Beginn dieses Jahrhunderts, wurde das Baukastenprinzip im Motorenbau und in den zwanziger Jahren bei der Entwicklung von Fräsmaschinen eingesetzt.[17]
Mit dieser Arbeit wird das Ziel verfolgt, das Rationalisierungs- und Einsatzpotential der Modularisierung als komplexitätsreduzierende Produktgestaltungsmethode aus produktplanerischer Sicht aufzuzeigen. Zentrale Aufgabe ist dabei, modulare Produktsysteme zu definieren und die Wirkungsweise der Modularität darzustellen. Im Verlauf der Arbeit sollen die nachstehenden Fragen beantwortet werden:

---

12 Vgl. Liesegang, D. G. (1992), S. 94.

13 Zu Modularität als Gestaltungsprinzip zur Bewältigung komplexer Produktstrukturen vgl. an der Harvard Business School Baldwin, C. Y./Clark, K. B. (1997), S. 84 ff.

14 Sliwka, M. (1992), S. 92.

15 Vgl. Liesegang, D. G. (1992), S. 98.

16 Vgl. Biegert, H. (1971), S. 2 f.

17 Vgl. Biegert, H. (1971), S. 3.

- Was ist ein Produktsystem?
- Wo liegen die Vor- und Nachteile bei extremen Produktgestaltungsmethoden?
- Inwiefern bilden modulare Produktsysteme eine Kompromißlösung?
- Auf welche Art und Weise spielt Modularität in den einzelnen Stationen eines Produktlebens eine Rolle?
- Wie sieht die modulare Produktgestaltung in der Praxis aus?

Zur Klärung dieser Fragen wurde die im folgenden skizzierte Vorgehensweise gewählt.

Nach der allgemeinen Einleitung ist das Reduzieren und Gestalten der Komplexität von Systemen Inhalt des zweiten Kapitels. Unter Anwendung des systemtheoretischen Ansatzes erfolgt die Analyse der Systemkomplexität, und mögliche Methoden zur Komplexitätsreduktion und -gestaltung werden vorgestellt.

Das dritte Kapitel stellt das Spannungsfeld von Produktsystemen zwischen den Extremgestaltungsformen Produktsystemvielfalt und -vereinheitlichung dar. Dazu wird zu Beginn des Kapitels der Begriff des Produktsystems erläutert, wie er im Rahmen der Arbeit verwendet wird. Es wird zudem untersucht, welche Einflußfaktoren aus dem Unternehmensumfeld beim Produktsystem eine Rolle spielen. Nach dem Aufzeigen relevanter Gründe und Konsequenzen der Produktsystemvielfalt wird die Standardisierung als Möglichkeit zur Produktsystemvereinheitlichung behandelt. Den Abschluß dieses Kapitels bildet die Erläuterung der Vor- und Nachteile der extremen Gestaltungsformen, jeweils aus Sicht des Nachfragers bzw. Anbieters.

Mit Kapitel zwei und drei werden die grundlegenden Voraussetzungen für das vierte Kapitel geschaffen. Hier stehen modulare Produktsysteme im Mittelpunkt der Betrachtung. Zunächst erfolgt eine Einführung in die Gestaltung von Produktsystemen mit Baukastensystemen. Anschließend werden modulare Produktsysteme behandelt. Insbesondere gilt es hier auf den Begriff des Moduls einzugehen und verschiedene Arten modularer Produktsysteme vorzustellen. Ebenso ist das Aufzeigen des Potentials der Modularität als spezielle Eigenschaft modularer Produktsysteme ein zentraler Punkt. Schließlich wird begründet, warum die modulare Produktsystemgestaltung eine Kompromißlösung für das in Kapitel drei dargestellte Spannungsfeld sein kann.

Kapitel fünf beschreibt den Weg von Produktsystemen von deren Entstehung bis hin zur Entsorgung. Entsprechend bilden die Unterkapitel die einzelnen Stationen dieses Weges ab. Die Entstehung von Produktsystemen wird in die Teilbereiche Planung, Konzeption und Herstellung unterteilt. Im Rahmen der Pro-

duktsystemplanung ist die Festlegung des Produktsystemumfangs von Interesse. Als relevante Methode zur Ermittlung der Kundenanforderungen wird das Quality Function Deployment vorgestellt, das als Grundlage für den Aufbau eines modularen Baukastensystems dienen kann. Für das Konzipieren von modularen Produktsystemen wird die Funktionenanalyse und Modularisierung der Systemstruktur als relevant erachtet. Schließlich sind die einzelnen Konzeptvarianten aufzustellen und auszuwählen. Als geeignetes Kalkulationsinstrument von modularen Produktsystemen wird die Prozeßkostenrechnung vorgeschlagen und die Erfassung möglicher Kosten beispielhaft dargestellt.
Für den Bereich der Herstellung wird die Rolle der Modularität im Rahmen von Make or Buy-Entscheidungen erläutert. Zusätzlich wird dargestellt, welche ausgewählten Auswirkungen modulare Produktsysteme im Bereich der Produktion haben können. Nach der Station der Herstellung wird gezeigt, wie der Gebrauch von modularen Produktsystemen aussehen kann.
In der Entsorgungsphase kommt nach der Demontage dem Recycling von Produktsystemen große Bedeutung zu, denn für ganze Produktsysteme bzw. einzelne Module sind verschiedene Recyclingformen denkbar. In dieser Phase wird - neben der Modularität als ökonomisches und technisches Gestaltungsprinzip - vor allem die Relevanz der Modularität als ökologisches Gestaltungsprinzip betont.
Über die Fokussierung auf ein einzelnes modulares Produktsystem hinaus soll der Beitrag der Modularität zur Aufdeckung der strukturellen Zusammenhänge zwischen Produktsystemfamilien und -generationen herausgearbeitet werden.

Das sechste Kapitel betrachtet modulare Produktkonzepte in der Praxis. Dabei werden die im theoretischen Teil dargestellten Kriterien modularer Produktsysteme an ausgewählten Beispielen überprüft.
Ein Fazit mit Ausblick beendet die Arbeit im siebten Kapitel.

In der folgenden Abbildung ist der oben beschriebene Aufbau der Arbeit mit seinen einzelnen Kapiteln graphisch dargestellt.

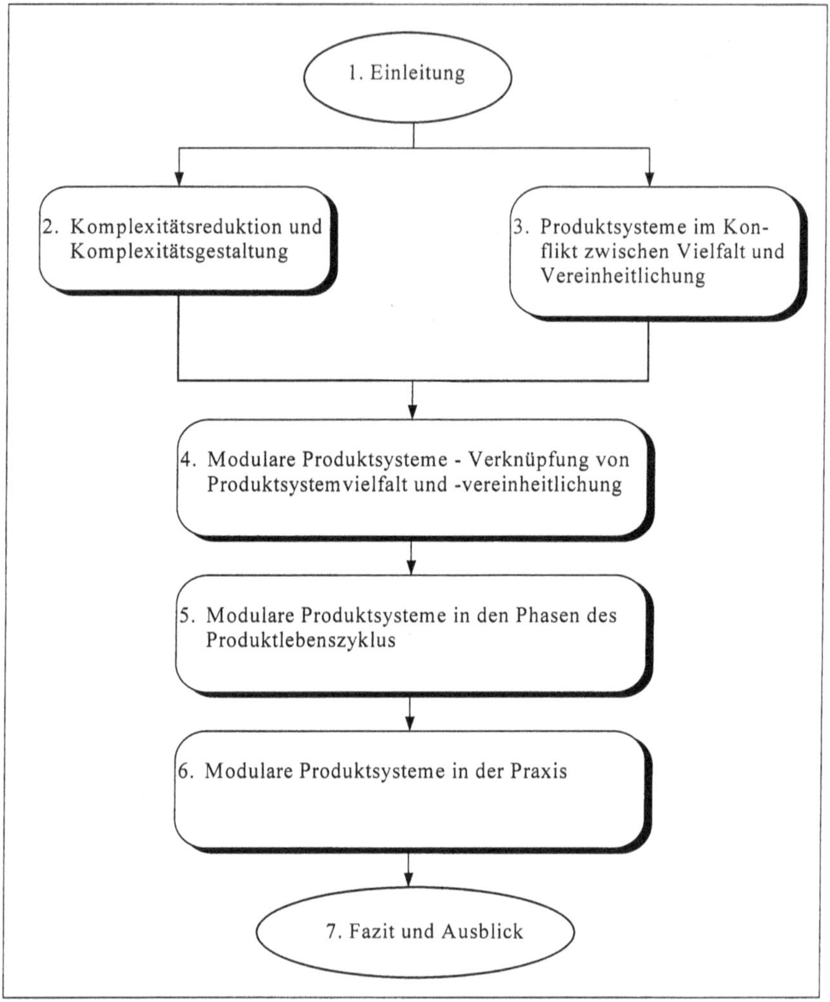

Abbildung 1.1: Graphische Darstellung der Vorgehensweise

2. Komplexitätsreduktion und Komplexitätsgestaltung

2.1. Das Auffassen von komplexen Problemen als komplexe Systeme

Die Mannigfaltigkeit des Lebens zeigt sich in den vielgestaltigen und facettenreichen Ausprägungen von Farben und Formen lebender Organismen und den in ihnen stattfindenen Vorgängen im Zusammenspiel verschiedener Materien. Das Durchschauen und Begreifen der multiplen Zusammenhänge in ihrer Gesamtheit ist nahezu unmöglich. Einzelne Wissenschaftszweige, wie z.B. die Physik, Chemie und Biologie, beschäftigen sich mit der Analyse von Teilbereichen. Diese Spezialisierung ermöglicht das Aufzeigen und Erklären von Zusammenhängen und ist die Ursache für die Entdeckung neuer wissenschaftlicher Erkenntnisse. Beispielsweise spezialisierte sich die chemische Forschung unter anderem auf die Analyse materieller Körper, indem diese in ihre elementaren Teile aufgelöst wurden. So gelten Atome als grundlegende Elemente chemischer Verbindungen[1], aus deren Zusammenführung sich die Moleküle ergeben. Analog wird in der Biologie die Zelle als Basisteil allen Lebens betrachtet.[2] Die Aggregation mehrerer Zellen ergibt einen vielzelligen Organismus, der aus hierarchisch organisierten Strukturen besteht, wobei Zellen zu Organen zusammengefaßt sind, die ihre Aufgabe im Gesamtorganismus erfüllen und als optimierte Teillösungen aufgefaßt werden können, denn mit ihrer Spezialisierung auf eine bestimmte Funktion - z.B. die Nahrungsverwertung durch das Verdauungsorgan - finden sie sich in allen Lebewesen wieder. Ebenso läßt sich das Gliedmaßenskelett von verschiedenen Wirbeltieren, wie Säugern und Vögeln, auf den gleichen Grundaufbau zurückführen. Daraus kann geschlossen werden, daß die nach außen als Vielfalt wirkende breite Fächerung des Lebens in der Natur durch Konzentration auf gleiche Grundprinzipien zustande kommt.[3]

Die Offensichtlichkeit, daß Vielfalt bewährte Grundmuster enthält, ist auf beliebige Betrachtungsgegenstände übertragbar, denn es lassen sich Teile finden, die in gleicher oder abgeänderter Form in anderen Problemstellungen auftauchen. Für das Verstehen bzw. für die Analyse des Aufbaus und der Funktionsweise eines Gesamtproblems ist es hilfreich, dieses so lange in seine Teilprobleme zu zergliedern, bis es in seiner überschaubaren und einfachen Struktur derart elementar ist, daß es auf unterster Ebene gelöst werden kann.[4] Für jede Stufe des Gesamtproblems können sukzessive Lösungen ermittelt werden, die aus dem Zusammenspiel der Teillösungen der darunterliegenden Stufen beste-

1 Die Diskussion, ob die Materie in immer kleinere Teile zerlegbar ist oder aus einzelnen unteilbaren Bestandteilen zusammengesetzt ist, begann mit dem griechischen Philosophen Thales von Milet (ca. 624-574 v. Chr.). Im Europa des 17. Jahrhunderts setzte sich die Vorstellung vom atomaren Aufbau der Materie durch.

2 Vgl. hierzu die Ausführungen von Bertalanffy, L. v. (1990), S. 52 ff.

3 Vgl. Sliwka, M. (1992), S. 91.

4 Vgl. Ballwieser, W. (1993), Sp. 50.

hen. Findet sich ein Teilproblem auch in anderen Gesamtproblemen wieder, liegt für dieses bereits eine Lösung vor, die als Wiederhollösung oder in leicht veränderter Form verwendet werden kann.

Ein Gesamtproblem befindet sich im Spannungsfeld der unterschiedlichsten Einflüsse aus dem Problemumfeld, so daß eine statische Betrachtung als nicht ausreichend angesehen werden kann. Verändern sich die auf das Problem einwirkenden Einflüsse, unterliegt das Gesamtproblem einem Änderungszwang und muß deshalb unter dynamischen Aspekten analysiert werden. Mit Hilfe des Systemansatzes sollen die Gesamtprobleme als Gesamtsysteme aufgefaßt werden.
Die allgemeine Systemtheorie ist nach dem Biologen Bertalanffy ein interdisziplinärer Ansatz[5], bei dem sich Prinzipien allgemein auf Ganzheiten übertragen lassen, ungeachtet der Art der Elemente und den zwischen ihnen existierenden Beziehungen.[6] Dabei wird Ganzheit als System, als Komplex von miteinander in Wechselwirkung stehenden Elementen definiert.[7] Mit der allgemeinen Systemtheorie wird das Ziel verfolgt, basierend auf einer einheitlichen Terminologie und unter Verwendung mathematischer Formulierungen, allgemeine, für unterschiedliche Erfahrungsbereiche gültige Systemgesetze aufzustellen.[8] Die Erkenntnisse und die Sichtweise der Systemtheorie wurden von Ulrich auf die Betriebswirtschaftslehre übertragen[9], wobei die Unternehmung als System betrachtet wird, dessen Beschreibung, Erklärung und Gestaltung mit systemtheoretischen Modellen und Methoden erfolgt.[10]
Im allgemeinen wird zwischen offenen[11], geschlossenen[12], natürlichen[13] und künstlichen Systemen unterschieden.[14] Die Komponenten eines Systems können entweder als nicht weiter zerlegbare Elemente oder wiederum als Systeme - sie bilden dann die sogenannten Sub- bzw. Teilsysteme des Gesamtsystems - cha-

5 Vgl. Boulding, K. E. (1955/56), S. 197.
6 Vgl. Bertalanffy, L. v. (1968), S. 32.
7 Vgl. Bertalanffy, L. v. (1968), S. 33.
8 Vgl. Schiemenz, B. (1993), Sp. 4138.
9 Vgl. Ulrich, H. (1971), S. 43 ff.
10 Vgl. Zahn, E./Schmid, U. (1996), S. 28.
11 „Ein offenes System ist ein solches, in welchem Ein- und Ausfluß und damit Wechsel der zusammensetzenden Elemente stattfindet." Bertalanffy, L.v. (1972), S. 37f. Durch Materie-, Energie- und Informationsaustausch mit ihren Umsystemen sind offene Systeme zu Wachstum und Entwicklung fähig. Vgl. Schwaninger, M. (1996), Sp. 1951.
12 „Existieren neben systeminternen Beziehungen außerdem Beziehungen zwischen System und Umwelt, so wird ein solches System ... als „offenes System" bezeichnet; fehlen diese Beziehungen zur Umwelt, so liegt ein „geschlossenes System" vor." Lehmann, H./Fuchs, H. (1974), S. 237.
13 Wie beispielsweise biologische Systeme.
14 Vgl. Fuchs, H. (1973), S. 62.

rakterisiert werden.[15] Die Eigenschaften der Elemente in Verbindung mit den Relationen zwischen den Elementen bilden die Systemstruktur.[16] Darin sind die autonomen Teilsysteme und deren Kopplungen festgelegt, und die Gesamtstruktur steckt den Rahmen des Systemverhaltens ab.[17] Das Wirkungsgefüge eines Systems wird über die Verknüpfung von Einzelheiten zu einem ganzheitlichen Gebilde unter Berücksichtigung der Kopplungen dargestellt. Statisch betrachtet ergibt sich je nach Verschiedenheit der Elemente und Subsysteme eine mehr oder weniger komplizierte Systemstruktur.[18] Verändern sich die Elemente, Subsysteme und Relationen im Zeitablauf, variiert auch das Wirkungsgefüge, so daß sich daraus ein dynamisches System ableiten läßt.[19] Je nach Vielfalt der Sub- und Gesamtsysteme[20], die den Veränderungen der auf sie einwirkenden Einflußfaktoren unterliegen, entstehen einfache oder komplexe Systeme.

2.2. Die Analyse der Systemkomplexität

Eine Auseinandersetzung mit dem Problem der Komplexität ist einerseits beim Analysieren bestehender Systeme und andererseits beim Bilden neuer Systeme erforderlich. Für den Begriff der Komplexität werden oft Synonyme wie Kompliziertheit und Intransparenz verwendet.[21] Im Bereich der Wirtschaftswissenschaften wird beispielsweise die Organisation eines Unternehmens oder im Bereich der Biologie ein Lebewesen als komplexes System bezeichnet. Der Aufbau von komplexen Systemen ist dadurch charakterisiert, daß er nach dem Motto von Aristoteles „Das Ganze sei mehr als die Summe seiner Teile"[22] über das Addieren der Teilsysteme hinausgeht.

Bezogen auf die Systemstruktur hängt die Komplexität eines Systems zunächst von der Anzahl der Elemente und ihrer Relationen ab.[23] Die strukturelle Komplexität eines Systems läßt sich aufteilen in die Komplexität der Verbindungen - dem Vernetzungsgrad - und die Komplexität der Elemente. Sie wird verursacht durch die Vielzahl bzw. unübersichtliche Anzahl von Relationen und Elementen und durch die Vielfalt, die auf deren Verschiedenartigkeit zurückzuführen ist.[24]

---

15 Vgl. Schwaninger, M. (1996), Sp. 1946.
16 Vgl. Kosiol, E./Szyperski, N./Chmielewicz, K. (1972), S. 67.
17 Vgl. Scherer, E./Dobberstein, M. (1996), S. 62.
18 Vgl. Bronner, R. (1992), Sp. 1122.
19 Vgl. hierzu auch Leisten, R. (1995), S. 9.
20 Unter Vielfalt soll die Unterschiedlichkeit von Elementen und Relationen verstanden werden. Vgl. Leisten, R. (1995), S. 9.
21 Vgl. Bronner, R. (1992), Sp. 1122. Komplexität kommt vom lateinischen Wort *complexus* (= umfassend) und „... steht für die Gesamtheit aller Merkmale eines Zustands oder Objekts im Sinne von Vielschichtigkeit." Adam, D./Rollberg, R. (1995), S. 667.
22 Bertalanffy, L. v. (1990), S. 139.
23 Vgl. Bronner, R. (1992), Sp. 1122.
24 Vgl. Reiß, M. (1993), S. 58. Vgl. auch Bliss, C. A. (1998), S. 146.

Da sich die Systemfaktoren unter zeitlichen Aspekten an die Veränderungen aus dem Systemumfeld anpassen und dadurch die Vernetzung, also die wechselseitigen Abhängigkeiten sowohl zwischen den Teilen als auch zwischen Teil und Ganzem, beeinflußt wird, beinhaltet die Systemkomplexität auch dynamische Aspekte.[25] Veränderungen im Systemumfeld wirken sich auf das System aus, z.B. in Form einer Erweiterung oder Reduzierung der Systemstruktur.
So ergeben sich bei der Betrachtung der Systemkomplexität zwei Aspekte. Zum einen ist die Komplexität, die durch die Systemstruktur verursacht wird, und zum anderen die Komplexität, die durch die Systemdynamik beeinflußt wird, zu beachten.
Zusammenfassend ergibt sich die Systemkomplexität aus dem Zusammenspiel von struktureller und dynamischer Komplexität.[26]

2.3. Komplexitätsreduktion von Systemen

Um die durch ihre Vielschichtigkeit und Unüberschaubarkeit charakterisierten komplexen Systeme analysieren bzw. gestalten zu können, ist die Frage zu stellen, wie die Komplexität zur Schaffung einer Systemtransparenz beherrscht und reduziert werden kann. Bevor zum Zwecke der Systemanalyse mit der Komplexitätsreduzierung begonnen werden kann, muß die Systemkomplexität zuerst einmal wahrgenommen werden.[27] Dazu sind die Verknüpfungen und die Menge der Einflußfaktoren innerhalb des Systems aufzudecken.
Dem Betrachter eines Systems erscheint dieses in seiner Ganzheit zunächst strukturlos, weil er es in seiner komplexen Gesamtheit nicht vollständig erfassen kann.[28] Es kann deshalb hilfreich sein, die Komplexität eines Systems zunächst zu reduzieren bzw. zu vereinfachen.
Eine Komplexitätsreduktion wird mit der Zerlegung oder auch Dekomposition eines Systems in seine Bestandteile in Form von Subsystemen und Elementen erreicht, wodurch diese unabhängig voneinander analysiert und beschrieben werden können.[29] Daraus ergibt sich der Vorteil, daß die Komplexität jedes einzelnen Systembestandteils geringer ist als die Komplexität des Gesamtsystems. Eine willkürliche Zerlegung ist jedoch nicht sinnvoll; sie sollte vielmehr bestimmten Gliederungsprinzipien, die die Systemstruktur sichtbar machen, folgen. Eine Möglichkeit, Systeme transparent zu machen, ist das Herunterbrechen auf deren verschiedene Auflösungsebenen mit Hilfe der Hierarchisierung und Strukturierung.[30]

---

25 Vgl. Schmidt, D. (1992), S. 12.
26 Vgl. Scherer, E./Dobberstein, M. (1996), S. 61.
27 Vgl. Mühlbradt, T./Mirwald, D. (1992), S. 43.
28 Zur Problematik des Menschen im Umgang mit der Komplexität vgl. Mühlbradt, T./Mirwald, D. (1992), S. 41 und Malik, F. (1996), S. 185.
29 Vgl. Schwarze, J. (1995), S. 679.
30 Vgl. Schiemenz, B. (1996), Sp. 900.

2.3.1. Strukturierung

Der Strukturierung liegt das Aufzeigen und das Herausarbeiten der systemrelevanten Elemente und ihrer Beziehungen zugrunde, indem das Gesamtsystem in Teilsysteme zerlegt wird und sich dadurch unterschiedliche Systembetrachtungsebenen ergeben. In einem bestehenden System wird durch die Strukturierung das komplexe System ausgehend von einer abstrakten Ebene hin zum Konkreten verfeinert. Zum Zeitpunkt der Betrachtung wird der vorliegende Systemzustand mit Hilfe der Strukturierung abgebildet, wobei die für die Komplexität verantwortliche Dynamik „eingefroren" wird. Die Darstellung komplexer Strukturen kann mit Listenstrukturen, Baumstrukturen oder Netzwerken erfolgen.[31] Die Strukturierung dient zur Beschreibung und Schaffung von Transparenz und somit zur Verständlichkeit von komplexen Systemen.

2.3.2. Hierarchisierung

Die hierarchische Strukturierung läßt sich auf das Prinzip von Descartes[32] zurückführen, nach dem komplexe Systeme durchschaut werden, indem sie in einfachere Teilsysteme zerlegt werden.[33] Bereits aus der Definition des Systembegriffs geht hervor, daß ein System hierarchisch zerlegt werden kann, da sich die *höheren* Subsysteme wiederum in weitere Subsysteme oder *niederere* Elemente zerlegen lassen, so daß die Bestandteile eines Systeme einer gewissen Ordnung unterworfen werden können. Bei der hierarchischen Zerlegung unterliegen die Elemente eines Systems also einer bestimmten Rangordnung, wobei sich Elemente gleicher Rangstufe auf derselben Hierarchiestufe befinden.[34] Zerlegen bedeutet die Abgrenzung eines Teilsystems von einem direkt nach- oder übergeordneten Teilsystem und die Erfassung der Beziehungen zwischen den Teilsystemen.[35] Im Zuge der Zerlegung reduziert sich die Komplexität entlang der Hierarchiestufen. Die Anzahl der Hierarchiestufen ist dabei frei wählbar. Beispiele für hierarchische Strukturen sind die hierarchische Zerlegung des Systems Unternehmung in Form eines Organigramms oder das Abbilden einer Erzeugnisstruktur in einem Strukturbaum.[36]

---

31 Vgl. Wedekind, H. (1973), S. 233.

32 Das Weltbild der vollkommenen Beherrschbarkeit der Natur durch den Menschen von Descartes entstand im 17. Jahrhundert. Dort wird die Welt als große Maschine aufgefaßt, deren Beherrschung durch eine immer weitere Reduzierung möglich wird. Vgl. Schmidt, D. (1992), S. 14.

33 Vgl. Haken, H. (1994), S. 14.

34 Vgl. Suhr, R./Suhr, R. (1993), S. 68.

35 Vgl. Heinrich, L. J. (1994), S. 33.

36 Vgl. Schwarze, J. (1995), S. 682.

2.3.3. Modularisierung

Ein spezielles Prinzip zur Zerlegung und Strukturierung eines umfangreichen Gesamtsystems ist die Modularisierung, mit der das Ziel der Reduktion der Systemkomplexität unter Berücksichtigung bestimmter Gestaltungszwecke verfolgt wird. Das System wird so in Teilsysteme zerlegt, daß diese sowohl ihrem Umfang als auch ihrer Komplexität nach überschaubar sind und gleichzeitig abgegrenzte Systemfunktionen erfüllen. Die dabei anfallenden hierarchisch angeordneten Teil- bzw. Subsysteme werden Module genannt.
Im Gegensatz zur Strukturierung und Hierarchisierung, bei denen zwar auch Teil- bzw. Subsysteme gebildet werden, sind die bei der Modularisierung anfallenden Module Subsysteme, die unter Berücksichtigung verschiedener Aspekte zu bilden sind.[37]
Durch eine hierarchische Anordnung der Module ist festgelegt, daß Module einer Hierarchieebene Module niedrigerer Hierachieebenen beinhalten können. Bei einer strengen Hierarchie besteht jedes Modul nur aus Modulen der nächstniedrigeren Hierarchieebene.[38]
Als funktional abgeschlossenes Teilsystem enthält ein Modul eine oder mehrere Funktionen, die eine genau umrissene Teilaufgabe im Gesamtsystem erfüllen. Aufgrund dieser Eigenschaft sind Module austauschbar, ohne das Funktionieren des Gesamtsystems zu gefährden. Die Austauschbarkeit und Ersetzbarkeit von Modulen ist besonders dann von Bedeutung, wenn die Weiterentwicklung einer Komponente in das System eingefügt werden soll oder wenn eine Systemvariante zu erstellen ist.[39] Module sind durch die funktionale Abgeschlossenheit wiederverwendbar und damit in verschiedenen Gesamtsystemen anwendbar. Durch die beschränkte Größe eines Moduls bleibt dieses eine überschaubare und komplexitätsreduzierte Einheit. Die Unabhängigkeit von Modulen innerhalb eines Systems ermöglicht Moduländerungen, ohne daß sich diese auf andere Module des Systems auswirken.[40]

Die Systemeigenschaften, die mit der Modularisierung angestrebt werden, machen deutlich, daß Modularisierung mehr ist als eine hierarchische Strukturierung. Im Unterschied zur hierarchischen Strukturierung, die v.a. der Reduktion der strukturellen Komplexität dient, ist es mit Hilfe der Modularisierung denkbar, sowohl die strukturelle Komplexität als auch die dynamische Komplexität zu verringern. Die Modularisierung ermöglicht es, nicht nur den zu einem bestimmten Zeitpunkt gegebenen Systemzustand abzubilden, sondern sie ist mit der Dynamik im System vereinbar, da der modulare Systemaufbau den großen Vorteil bietet, daß er flexibel, änderbar und erweiterbar ist. Somit verfolgt die

37 Vgl. Wedekind, H. (1973), S. 16.
38 Vgl. Hruschka, P. (1986), S. 67.
39 Vgl. Suhr, R./Suhr, R. (1993), S. 71.
40 Vgl. Schulz, A. (1990), S. 45f.

Modularisierung als Ziel den Aufbau einer modularen Hierarchie, bei der die Zuverlässigkeit des Funktionierens des Gesamtsystems und dessen Flexibilität und Änderbarkeit im Vordergrund steht.[41]
So kann die Modularisierung einen wertvollen Beitrag zur Gestaltung komplexer Systeme unter Berücksichtigung der dynamischen Systemveränderungen leisten. Sie ist auf jedes komplexe System anwendbar, bei dem Überschaubarkeit und Flexibilität von Interesse ist.

2.3.4. Die Bedeutung der Schnittstellen

Bei den genannten Methoden zur Zerlegung komplexer Systeme - Strukturierung, Hierarchisierung und Modularisierung - wird ein Gesamtsystem in Subsysteme und Elemente unterteilt, bei gleichzeitigem Auflösen des gesamten Wirkungsgefüges, bestehend aus Teilsystemen und deren Verbindungen. Voraussetzung für die Systemzerlegung ist die Abgrenzbarkeit der Teilsysteme voneinander, welche über die Schnittstellen ermöglicht wird.
Geläufig ist der Begriff der Schnittstelle beim Betrieb eines Computersystems. Sollen an einen Computer zusätzliche periphere Geräte, wie z.B. Drucker oder Meßgeräte, angeschlossen werden, wird der Computer mit dem anzuschließenden Gerät über die Schnittstelle (engl. Interface) verbunden.[42] Allgemein stellt eine Schnittstelle den Übergang zwischen zwei Teilsystemen dar. Dabei kann es sich bei den Teilsystemen beispielsweise um Subsysteme oder Systemelemente eines komplexen Produktes oder einer Unternehmensorganisation handeln. Über die Schnittstellen werden die Teilsysteme eines komplexen Gesamtsystems zu einer funktionsfähigen Einheit verbunden.[43]
Schnittstellen lassen sich in systeminterne und -übergreifende Schnittstellen unterteilen. Systemübergreifende Schnittstellen stellen die Verbindung zur Systemumgebung dar, betten einerseits das Gesamtsystem in das Systemumfeld ein und erlauben andererseits ein Herauslösen bzw. eine Isolierung des betrachteten Gesamtsystems aus dem Systemumfeld. Systeminterne Schnittstellen befinden sich im Inneren des abgegrenzten, betrachteten Gesamtsystems.
Sowohl bei den systemübergreifenden als auch bei den systeminternen Schnittstellen kann es sich zum einen um technische Schnittstellen[44] handeln. Sie haben diesbezüglich die Funktion einer Fügestelle und werden deshalb auch Kopplungen, Paß- oder Anschlußstellen genannt. Über die technischen Schnittstellen wird der Systemzusammenhalt durch das Zusammenfügen der Teilsysteme garantiert. Darüber hinaus findet über die Schnittstellen die Kommunika-

41 Vgl. Suhr, R./Suhr, R. (1993), S. 228.
42 Vgl. Elsing, J./Wiencek, A. (1992), S. 15.
43 Vgl. Backhaus, K. (1995), S. 312.
44 Vgl. hierzu Eversheim, W./Heyn, M./Linnhoff, M./Braunschneider, W./Schürholz, A. (1996), S. 24.

tion der Subsysteme mit anderen Subsystemen oder Systemelementen statt.[45] Kommt den Schnittstellen die Aufgabe des Zusammenwirkens von Teilsystemen zu, so können sie als Übertragungsstelle aufgefaßt werden. Eine technische Schnittstelle kann sowohl Füge- als auch Übertragungsstelle sein. Zum anderen gibt es Schnittstellen organisatorischer Art.[46] Dabei interagieren die Teilsysteme über organisatorische Schnittstellen, wie z.B. beim Austausch von Informationen bei Organisationseinheiten.

Zusammenfassend sind Schnittstellen verantwortlich für das effektive Zusammenspiel von Teilsystemen; sie sind maßgeblich an der Erhaltung der Funktionstüchtigkeit eines Gesamtsystems beteiligt. Deshalb kommt den Schnittstellen im Rahmen der Komplexitätsreduktion und Komplexitätsgestaltung von Systemen eine zentrale Bedeutung zu. An den Systemschnittstellen kann das Systemgefüge aufgebrochen und in weniger komplexe Teilsysteme gegliedert werden. Zum anderen kann über Schnittstellen kontrolliert die Komplexität eines Gesamtsystems durch die Verbindung komplexitätsreduzierter Teilsysteme gestaltet werden.

2.4. Komplexitätsgestaltung mit modularen Systemen

Neben der Minimierung der Komplexität ist auch deren bewußte Gestaltung von Relevanz.[47] Bei der Komplexitätsgestaltung muß ein Ausgleich gefunden werden zwischen der Minimierung der Verbindungen einerseits und der Minimierung der Teilsystemkomplexität andererseits. Eine zu starke Simplifizierung führt zwar zu einer geringen Komplexität der Systembestandteile, läßt aber gleichzeitig die Zahl der Verbindungen ansteigen. Diese gegenläufige Entwicklung ist bei der Komplexitätsgestaltung von Systemen zu berücksichtigen. Ein weiteres Ziel der Systemgestaltung ist die kontinuierliche Anpassungsfähigkeit des Gesamtsystems an Veränderungen im Umfeld des Systems.

Eine bewußte Gestaltung von Systemen mit gleichzeitiger Kontrolle der Systemkomplexität ist mit modularen Systemen möglich.

Das Grundgerüst von modularen Systemen bildet deren modulare Struktur, die sich auf das Zerlegungsprinzip der Modularisierung zurückführen läßt. Die Systemeigenschaft, die dafür verantwortlich ist, auf welche Art und Weise die gewonnenen Module zu Gesamtsystemen zusammengestellt werden können, ist die der Modularität. Sie ist die Eigenschaft eines nach bestimmten Modularisierungsprinzipien strukturierten Systems und ist mit dem Begriff des Baukastensystems vergleichbar.[48] Somit kann der modularen und damit flexiblen Gestal-

45 Vgl. Schwarze, J. (1995), S. 680.

46 Vgl. Eversheim, W./Heyn, M./Linnhoff, M./Braunschneider, W./Schürholz, A. (1996), S. 25.

47 „Komplexität ist nicht einfach eine Größe, die minimiert werden muß. Sie muß bewußt gestaltet werden.“ Scherer, E./Dobberstein, M. (1996), S. 63.

48 Vgl. Heinrich, L. J. (1989), S. 327 und Schneider, H.-J. (1991), S. 515.

tung von Systemen die Idee des Baukastenprinzips zugrunde gelegt werden. Unter dem Baukastenprinzip wird ein Gestaltungsprinzip der Systemsynthese verstanden.[49] Grundlage des allgemeinen Baukastenprinzips ist ein Baukasten, der aus einem gegebenen Repertoire von funktionsorientierten Bausteinen besteht. Durch die kombinatorische Verknüpfung ausgewählter Bausteine aus diesem Baukasten lassen sich mit Hilfe des Baukastenprinzips viele verschiedene Gesamtfunktionssysteme bilden.[50] Die Menge der unterschiedlichen Gesamtfunktionen, die sich als gestalterisches Ergebnis aus dem Baukasten ergeben, wird als Baukastensystem bezeichnet.[51] Analog ist bei modularen Systemen über die Eigenschaft der Modularität die Kombination von Modulen zu verschiedenen modularen Gesamtsystemen[52] denkbar. Notwendige Voraussetzung für Modularität ist die Zusammenstellbarkeit der Module, die maßgeblich von der Gestaltung der Schnittstellen abhängt. Insbesondere können über standardisierte Schnittstellen die einzelnen Module in vielfältiger Form konfiguriert werden.
Die Systemeigenschaft der Modularität wirkt sich auf die Gestaltung komplexer Systeme aus. Durch Modularität wird eine Dimensionierung der Systemarchitektur ermöglicht, ohne daß das Hinzufügen oder Wegnehmen eines Moduls andere Module tangiert. Darüber hinaus erlaubt Modularität die Anpassung des Systems an dynamische Veränderungen aus dem Systemumfeld, da sich die Änderungen nur in den wirklich betroffenen Modulen vollziehen, die restliche Systemarchitektur aber davon unbetroffen bleibt.

Zusammenfassend soll Modularität als eine Eigenschaft modular strukturierter Systeme definiert werden, die das rationelle Zusammenfügen und Kombinieren von einfachen Modulen zu den vielfältigsten Gesamtsystemen ermöglicht. Modularität leistet einen Beitrag zur Bewältigung sowohl der strukturellen Komplexität, da die Systemsynthese auf der Basis komplexitätsreduzierter Module erfolgt, als auch der dynamischen Komplexität. Denn Veränderungen aus dem Systemumfeld wirken sich nur auf die davon betroffenen Module aus. Durch Modularität können komplexe Systeme geschaffen werden, die dennoch überschaubar und kontrollierbar sind.

Modular aufgebaute Systeme lassen sich im Bereich der natürlichen und im Bereich der künstlichen Systeme finden. Der modulare Aufbau von Nukleinsäuren ist ein Beispiel für ein modulares System in der Natur. Diese bestehen aus vier Grundbausteinen, die die genetische Matrize für die Vielfalt der funktionellen und strukturellen Proteine bilden. Die Proteine bestehen aus etwa 20 Aminosäu-

---

49 Vgl. Ropohl, G. (1984), Sp. 294.
50 Vgl. Ropohl, G. (1984), Sp. 294.
51 Vgl. Biegert, H. (1971), S. 11.
52 Zur Modularität bei Produktsystemen vgl. Abschnitt 4.2.3.

ren, durch deren Kombination sich so unterschiedliche Proteine wie Haare oder Insulin ergeben.[53]
Im Bereich der künstlichen Systeme stellen modulare Fertigungssysteme, modulare Softwaresysteme, modulare Dienstleistungen oder ganze modulare Fabriken[54] nur einen kleinen Ausschnitt aus der modularen Systempalette dar.

Bevor in Kapitel 4 modulare Produktsysteme aus dieser Palette herausgegriffen und untersucht werden, soll zunächst in Kapitel 3 der Begriff des Produktsystems definiert und dessen Spannungsfeld zwischen Vielfalt und Vereinheitlichung aufgezeigt werden.

53 Vgl. Liesegang, D. G. (1993), S. 389 und Schurr, U./Haake, V./Henkes, S./Klein, D./Krekeler, B. (1996), S. 53.
54 Vgl. Wildemann, H. (1998a).

3. Produktsysteme im Konflikt zwischen Vielfalt und Vereinheitlichung

3.1. Der Produktsystembegriff

Im täglichen Leben werden viele unterschiedliche Sachverhalte als System bezeichnet: Begriffe wie etwa Steuersystem, Heizungssystem, Wirtschaftssystem, Betriebssystem, Verkehrsleitsystem und Informationssystem sind im alltäglichen Sprachgebrauch selbstverständlich. Da die Art der Systemelemente in der Regel keiner Einschränkung unterliegt, ist kein Tatbestand denkbar, der nicht als System dargestellt werden könnte.[1] Im Grunde ist es also möglich, jeden Gegenstand als System zu betrachten, „... weil alles und jedes auf irgendeine Weise ein Ganzes ist und Teile hat und allem eine Struktur zugeordnet werden kann."[2] Von Menschenhand geschaffene, technische Gebilde oder Objekte - wie beispielsweise Anlagen, Maschinen, Werkzeuge, Geräte oder Verkehrssysteme - werden als „Technische Systeme" bezeichnet und gehören dem Typus der künstlichen Systeme an.[3]

Die Arbeit wird sich im folgenden auf die Behandlung und Analyse künstlicher Systeme beschränken, in deren Rahmen materielle Produkte, wie Konsum- und Investitionsgüter, als Systeme betrachtet und untersucht werden sollen. Das Verfahren der Systemanalyse wird eingesetzt, weil es neben wissenschaftlich-theoretischen Problemen auch für praxisbezogene Gestaltungstätigkeiten herangezogen werden kann. Bezüglich der Gestaltungsprobleme in der Praxis ist die Systemanalyse die Voraussetzung für das Konstruieren künstlicher Systeme, bei denen die Gesamtstruktur zu optimieren ist.[4]

Unter Produktsystemen sollen komplexe Gesamtheiten verstanden werden, die konkrete Teile und Komponenten enthalten, deren Wechselbeziehungen Funktionen ausführen.[5] Charakteristisch für Produktsysteme ist die Zerlegbarkeit in mehrere Systemebenen, d.h., daß Produktsysteme in Teilsysteme, diese wiederum in Subsysteme und/oder Elemente usw. unterteilbar sind.[6]

Je nachdem, welche Systemebene betrachtet wird, kann es sich bei einem Produktsystem

- um ein Teilsystem eines komplexen Produkts,
- um ein komplexes Einzelprodukt,

1 Vgl. Kosiol, E./Szyperski, N./Chmielewicz, K. (1972), S. 67. Vgl. auch dazu Fuchs, H. (1973), S. 39.

2 Leinfellner, W. (1965), S. 222, zitiert bei Händle, F./Jensen, S. (1974), S. 17.

3 Vgl. Koller, R. (1994), S. 20. Vgl. auch die dort befindliche Übersicht über natürliche und künstliche Systeme.

4 Vgl. Wegner, G. (1972), S. 192.

5 Vgl. Akiyama, K. (1994), S. 88.

6 Vgl. Ropohl, G. (1972), S. 542 und Ropohl, G. (1984), Sp. 295 sowie Goetze, S. v. (1992), S. 32 f.

- um ein um produktbegleitende Dienstleistungen erweitertes Produkt bzw. um ein mit verschiedenem Zubehör ausgestattetes Grundprodukt[7] oder
- um eine ganze Produktfamilie

handeln.
Das Produktsystem Flugzeug läßt sich beispielsweise u.a. in die Teilsysteme Fahrwerk, Flügel und Rumpf zerlegen, die wiederum aus vielen verschiedenen Subsystemen bestehen. Beim Airbus besitzt das Teilsystem Rumpf über 5,6 Meter Durchmesser und eine Oberfläche von bis zu 750 m^2 und wird aus ca. 180 000 Einzelteilen zusammengesetzt.[8] So ist ein Rumpf durchaus als Produktsystem anzusehen. Ein einzelner Airbus kann wiederum Bestandteil einer komplexen Airbusfamilie sein. Zwischen den einzelnen Produkten innerhalb einer Produktfamilie können Synergien ausgenutzt werden.
Betrachtet man Produktsysteme im Zeitverlauf, so unterliegen sie einem Wandel, der sich als Folge von z.B. technischem Fortschritt oder neuen gesetzlichen Bestimmungen ergibt. In je mehr unterschiedliche Subsysteme sich ein Produktsystem zerlegen läßt, desto „anfälliger" wird es für Veränderungen auf den einzelnen Zerlegungsebenen. Kaum eine Produktsystemlösung wird sich über Jahre hinweg als dauerhaft erweisen. Es müssen immer wieder neue Lösungen für neue Ansprüche gefunden werden.

Produktsysteme dienen zum einen der Befriedigung von Kundenbedürfnissen und sind zum anderen das Ergebnis von betrieblichen Leistungsprozessen.[9] Hier wird der enge Zusammenhang zwischen dem gegebenen Produktionssystem und den damit herstellbaren Produktsystemen deutlich. Die Auslegung der Fertigungsapparaturen bestimmt maßgeblich die Gestalt von Produktsystemen. Je flexibler das Produktionssystem angelegt ist, um so weniger problematisch ist das Reagieren des Produktionssystems auf die dynamische Entwicklung der Systemkomplexität von Produkten im Zeitablauf.
Neben der engen Beziehung zwischen Produktionssystemen und Produktsystemen befinden sich letztere im Spannungsfeld zwischen den Wünschen und Funktionen, die die Kunden erfüllt haben wollen und der Prämisse der wirtschaftlichen Produktion. Zusätzlich sind die Einflüsse des technischen Fortschritts und der immer kürzer werdenden Produktlebenszyklen zu berücksichtigen. Produktsysteme müssen sich im internationalen Wettbewerb behaupten bei gleichzeitig möglichst umweltgerechter und umweltverträglicher Herstellung. Ein am Markt erfolgreiches Produktsystem sollte nun als Ganzes den in der folgenden Abbildung genannten Einflußfaktoren standhalten können.

---

7 Ein Computersystem besteht nicht nur allein aus einem Computer, sondern auch aus produktbegleitenden Dienstleistungen, wie z.B. Gebrauchsanweisungen und Reparaturservice. Vgl. Kotler, P. (1989), S. 366.

8 Vgl. Deutsche Airbus (1991), S. 36.

9 Vgl. Sabisch, H. (1996), Sp.1439.

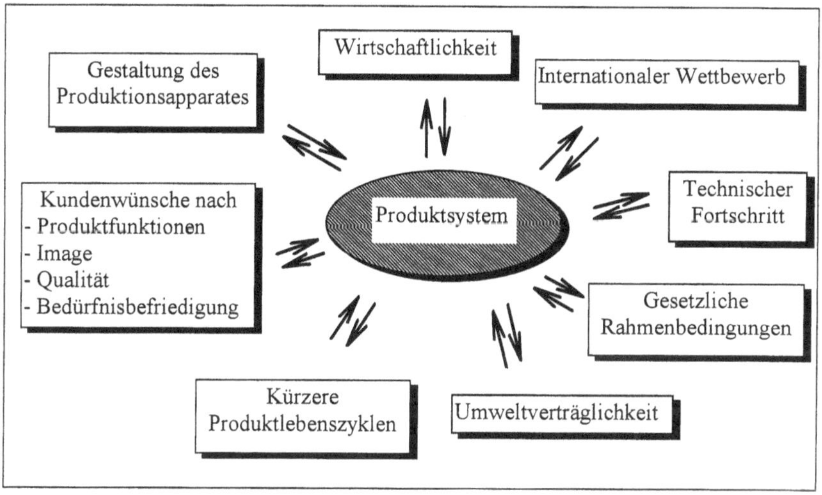

Abbildung 3.1: Das Produktsystem im Spannungsfeld seiner Einflußfaktoren

Produktsysteme sind auf unterschiedliche Art und Weise gestaltbar. Sie können in einer großen Vielfalt am Markt angeboten werden und erfüllen dann die verschiedensten Kundenwünsche. Im Gegensatz dazu sind vereinheitlichte Produktsysteme vorrangig auf den Wirtschaftlichkeitsaspekt ausgerichtet. Diese beiden Extremformen der Produktsystemgestaltung - Produktsystemvielfalt und Produktsystemvereinheitlichung - sollen im folgenden genauer betrachtet werden.

3.2. Ausgewählte Ursachen und Wirkungen der Produktsystemvielfalt

Viele Unternehmen setzen auf Produktsystemvielfalt, indem sie ständig neue oder aktualisierte Produkte auf den Markt bringen. Sie versprechen sich davon eine stärkere Kundenbindung und hoffen, mit dem Angebot von zahlreichen Produktvarianten einen Vorsprung gegenüber der Konkurrenz zu erzielen. In den nachfolgenden Abschnitten soll untersucht werden, welche Ursachen für Produktsystemvielfalt verantwortlich sind und welche Auswirkungen sich daraus ergeben. Es wurden bewußt einige wenige Ursachen und Wirkungen ausgewählt, die für die vorliegende Thematik am bedeutendsten erscheinen.

3.2.1. Ursachen der Produktsystemvielfalt

3.2.1.1. Flexible Fertigungssysteme

Das Erkennen der sich ständig wandelnden, auf das Produktsystem einwirkenden Einflußfaktoren zum einen sowie das Vermögen, auf diese zum anderen fertigungstechnisch reagieren zu können, bedeutet eine große Herausforderung für die produzierenden Unternehmen.
Bis in die 70er Jahre stützte sich die industrielle Fertigungstechnik auf die Herstellung von großen Mengen eines Produkts - auf die Massenproduktion - und auf die Werkstattproduktion.[10] Beide Fertigungstechniken sind mit Nachteilen behaftet. Die konventionelle Massenfertigung bietet zwar mit ihren starr automatisierten Produktionslinien den Vorteil der Wirtschaftlichkeit, doch geht diese zu Lasten der Flexibilität. Demgegenüber ist die Werkstattproduktion mit Flexibilität ausgezeichnet; diese Produktionstechnik weist jedoch einen Mangel an Produktivität aufgrund notwendiger Umrüstvorgänge auf.[11] Im Zuge der Kostensteigerungen bei den Löhnen, Rohstoffen und der Energie, zuzüglich dem Mangel an Fachkräften, war die Einführung neuer Bearbeitungsverfahren, die sowohl die Vorteile der Massen- als auch der Werkstattproduktion auszunutzen vermögen, zum Zweck der Marktbehauptung erforderlich[12], denn in gesättigten Märkten kann das Bestehen eines Unternehmens nur durch eine verstärkte Kundenausrichtung gesichert werden[13].
Aus fertigungstechnischer Sicht resultiert die angebotene Vielfalt von Produktsystemen am Markt aus einer neuen Fertigungsphilosophie: der flexiblen Fertigung. Der Einsatz der EDV in der Produktionstechnik erlaubt es, einerseits Rüstzeiten zu minimieren und andererseits große Produktionsvolumen herzustellen bei gleichzeitiger Anpassungsfähigkeit des Produktionssystems an sich ändernde Produktionsaufgaben.[14] Mit einer technisch erreichten hohen Flexibilität der Systeme kann das, was am Markt verlangt wird, bis zur Losgröße 1 wirtschaftlich gefertigt werden. Bearbeitungszentren, flexible Fertigungszellen, flexible Transferstraßen und flexible Fertigungssysteme gehören zu den Erscheinungsformen der flexiblen Produktionssysteme.[15] Aus diesen soll nun die Erscheinungsform der flexiblen Fertigungssysteme einer näheren Betrachtung unterzogen werden.

---

10 Vgl. Tempelmeier, H. (1996), Sp. 502.
11 Vgl. Tempelmeier, H. (1996), Sp. 502.
12 Vgl. Weggen, E. (1982), S. 599.
13 Vgl. Adam, D. (1993), S. 9.
14 Vgl. Tempelmeier, H. (1996), Sp. 502.
15 Vgl. Tempelmeier, H./Kuhn, H. (1993), S. 5.

Flexible Fertigungssysteme machen sich die Informationsverarbeitung und -erfassung zunutze, um die aus der Großserienfertigung bekannten Prinzipien flußorientierter Fertigung auf Kleinserien- und Einzelteilfertigung anzuwenden.[16]
Vor der Entwicklung von flexiblen Fertigungssystemen hatte die konventionelle Fertigung vorrangig das Herstellen von möglichst großen Losen mit optimierten Rüstzeiten, Zwischenlägern und Maschinenauslastungen zum Ziel, während nun bei den flexiblen Fertigungssystemen die Durchlaufzeit im Mittelpunkt steht und der Anwendungsbereich bei geringen bis mittleren Losen, komplexen Bearbeitungsanforderungen und häufigem Auftragswechsel liegt.[17]

3.2.1.1.1. Elemente eines flexiblen Fertigungssystems

Bestandteile eines flexiblen Fertigungssystems sind die Subsysteme technisches System, Bedienersystem und Informationssystem.[18]
Das technische System beinhaltet die Bearbeitungssysteme, die aus mehreren NC-, CNC- und DNC-Maschinen und/oder Robotern bestehen können.[19] Die Werkstück- und Werkzeugversorgungssysteme bilden mit den Energie-, Hilfsstoff- und Entsorgungssystemen weitere Elemente des technischen Systems.[20]
Die Steuerung und Überwachung des flexiblen Fertigungssystems wird vom Informationssystem übernommen, das ein Datenverwaltungssystem enthält. Alle dispositiven und ausführenden Funktionen werden vom kurzfristigen Planungs- und Steuerungssystem realisiert.[21]
Schließlich muß das flexible Fertigungssystem personell betreut werden. Durch das Bedienersystem sind Werkstücke und Werkzeuge bereitzustellen. Die Aufgaben des Personals sind unter anderem die Wartung und Instandhaltung und neben der Überwachung des Fertigungsablaufs auch die Steuerung.
In der nachfolgenden Abbildung sind die Subsysteme eines flexiblen Fertigungssystems dargestellt.

---

16 Vgl. Holz, B. F./Gaebler, W. (1985), S. 3.
17 Vgl. Holz, B. F./Gaebler, W. (1985), S. 3 und S. 9.
18 Vgl. Tempelmeier, H./Kuhn, H. (1993), S. 9.
19 Vgl. Köhler, R. (1988), S. 3 und Adam, D. (1993), S. 18 f.
20 Vgl. Tempelmeier, H./Kuhn, H. (1993), S. 10.
21 Vgl. Tempelmeier, H./Kuhn, H. (1993), S. 16.

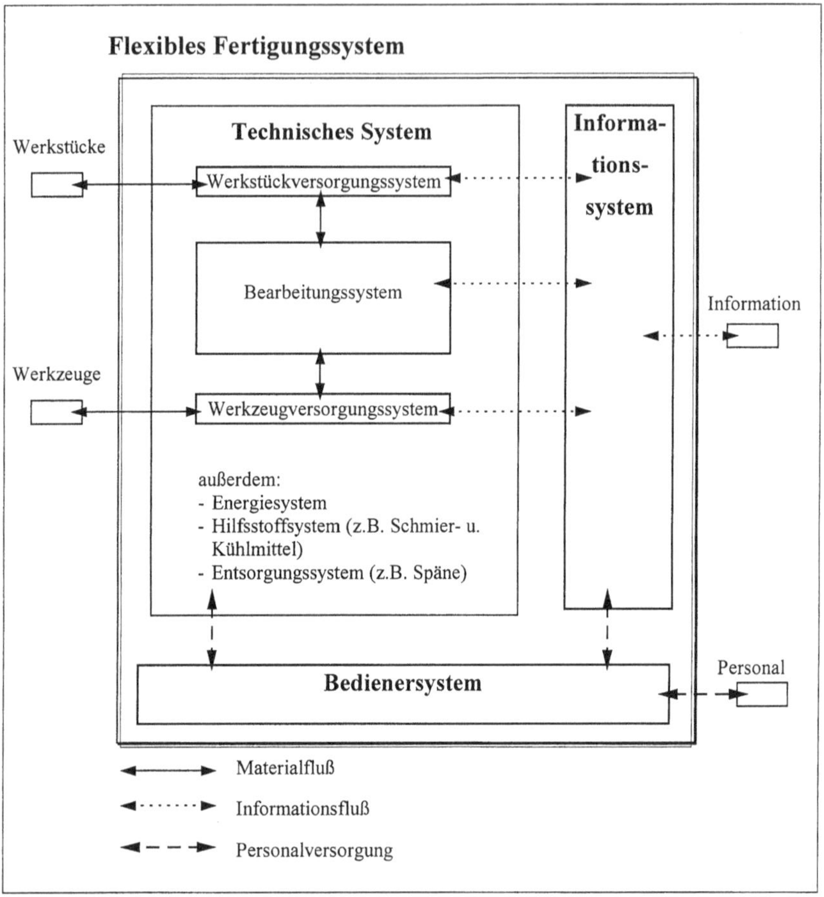

Abbildung 3.2: Subsysteme eines flexiblen Fertigungssystems[22]

Das Zusammenwirken der einzelnen Subsysteme macht das Fertigungssystem für verschiedene Fertigungsaufgaben einsatzfähig.

22 In Anlehnung an Kuhn, H. (1990), S. 6.

3.2.1.1.2. Flexibilitätseigenschaften eines flexiblen Fertigungssystems

„Unter Flexibilität versteht man ganz allgemein die Fähigkeit eines Systems, sich Veränderungen anzupassen.“[23] Überträgt man dieses auf Fertigungssysteme, so beschreibt Flexibilität die Einsatzfähigkeit eines Fertigungssystems für verschiedene Fertigungsaufgaben. Eine Eigenschaft des gesamten flexiblen Fertigungssystems ist die Systemänderungsflexibilität, die eine Veränderung der Anzahl der Maschinen ermöglicht, wenn z.B. neue Produktarten bearbeitet werden sollen[24], wodurch das Fertigungssystem-Layout an die erforderlichen Produktionsaufgaben anpaßbar ist.
Die im flexiblen Fertigungssystem vorhandenen Maschinen gewährleisten die Durchlaufflexibilität[25], die sich darin ausdrückt, daß ein Werkstück mit technologisch vorgegebenem Arbeitsplan verschiedene Bearbeitungsläufe durch das flexible Fertigungssystem nehmen kann, da z.B. bei Störungen von Maschinen diese durch vorhandene Maschinen ersetzt werden können.
Durch einen entsprechenden Grad an Flexibilität kann ein flexibles Fertigungssystem schnell auf Anforderungen des Marktes reagieren. Mit Hilfe rechnergestützter Konstruktion mit CAD/CAM wird die Einführungszeit für neue Produkte verkürzt. Kurzfristige Vorrichtungs- und Softwareänderungen ermöglichen die Realisierung von Produktvarianten und individuellen Kundenwünschen.

Mit der Einführung von flexiblen Fertigungssystemen wird als kurzfristiges Ziel die Reduzierung der Lagerbestände und als mittelfristiges Ziel die Erhöhung der Produktkonstruktionsflexibilität verfolgt.[26] Gerade letzteres ist ein wichtiger Punkt, weil damit die Reaktion auf die sich wandelnden Einflußfaktoren aus dem Produktsystemumfeld und insbesondere auf Änderungen der Kundenwünsche ermöglicht wird. Durch reduzierte Reaktionszeiten und kürzere Produkteinführungszeiten kann einmal schnell auf Marktänderungen eingegangen werden, wodurch sich Produktvarianten und individuelle Kundenwünsche leichter realisieren lassen. Zusätzlich verkürzen sich die Lieferzeiten aufgrund geringerer Durchlaufzeiten bei gleichzeitiger Senkung der Herstell- und Produktanlaufkosten.[27]
Die Frage, ob die individuellen Kundenwünsche eine Folge technischer Entwicklungen sind, oder umgekehrt, läßt sich nicht eindeutig beantworten.[28] Sicher ist, daß flexible Fertigungskonzepte wie flexible Fertigungssysteme die Reaktion auf sich verändernde Kundenbedürfnisse ermöglichen. D.h. durch die flexible Produktion und das Angebot von kundenorientierten Produkten wird

---

23 Schneeweiß, C. (1996), Sp. 489.
24 Vgl. Tempelmeier, H./Kuhn, H. (1993), S. 20.
25 Vgl. Tempelmeier, H./Kuhn, H. (1993), S. 21 und Holz, B. F./Gaebler, W. (1985), S. 12.
26 Vgl. Adam, D. (1993), S. 16 f.
27 Vgl. Holz, B. F./Gaebler, W. (1985), S. 11 und S. 22.
28 Vgl. Hoitsch, H.-J./Lingnau, V. (1995), S. 390.

einerseits die Nachfrage nach solchen Produkten ausgelöst. Andererseits kann sich ein Unternehmen mit flexiblen Fertigungsverfahren immer wieder neu auf die von Kunden individuell geäußerten Bedürfnisse einstellen. Aus diesem Grund soll nun auf den Individualisierungstrend auf seiten der Konsumenten eingegangen werden.

3.2.1.2. Individualisierung des Konsumverhaltens

Seit dem Wandel vom Verkäufer- zum Käufermarkt zielt das Angebot von Produktsystemen am Markt darauf ab, möglichst alle von seiten der Käufer und Kunden gestellten Ansprüche abzudecken.[29] Einhergehend mit dem Wertewandel in der Gesellschaft entstanden Veränderungen im Konsumverhalten. Bis Mitte der 60er Jahre bestimmte eine nach außen hin orientierte Verbesserung der Lebenssituation - dazu zählte v.a. der Erwerb von Besitzgegenständen - das Konsumverhalten. Ende der 60er Jahre vollzog sich der Wandel vom Haben zum Sein, zur Erlebnisgesellschaft.[30] In einer solchen durch das Leitprinzip Individualisierung geprägten erlebnisorientierten Gesellschaft strebt jeder einzelne Konsument nach Exklusivität, nach subjektivem Erleben, mit dem auch das Streben nach Andersartigkeit, nach Abheben von der breiten Masse und Selbstentfaltung einhergeht. Für den persönlichen Bereich bedeutet das die tendenzielle Hinwendung zu Werten wie Abenteuer, Ausleben emotionaler Bedürfnisse und Selbstverwirklichung. Das Gängige und Übliche wird nicht mehr bereitwillig angenommen, sondern Wert auf das Besondere gelegt. Unterordnung, Pflichterfüllung und Anpassungsbereitschaft werden im gesellschaftlichen Bereich durch Demokratie und Umweltdenken ersetzt.[31] Die steigende Zahl der Kirchenaustritte oder sinkende Vereinsmitgliederzahlen belegen den Trend weg vom „Durchschnittsbürger".[32] Vielmehr wird Obrigkeitsglauben durch persönlichen Lebensgenuß und liberales Sozialleben substituiert.[33]
Verantwortlich für die Individualisierungstendenzen auf seiten der Kunden sind vor allem die intra- und interpersonalen Variablen des Konsumverhaltens.[34] Aufgrund des gesellschaftlichen Trends zu mehr Selbstbewußtsein[35] stimmen

---

29 Vgl. Mayer, Ra. (1993), S. 36.

30 Vgl. Schulze, G. (1993) S. 13 und Schulze, G. (1996), S. 39.

31 Vgl. Rode, F. A. (1991), S. 145.

32 Vgl. auch Gierl, H. (1989), S. 422.

33 Vgl. Pepels, W. (1995), S. 55.

34 *Intra*personale Variablen beinhalten aktivierende Prozesse (Emotionen, Motive, Einstellungen), kognitive Prozesse (Wahrnehmung, Lernen, Problemlösung) und prädisponierende Variablen (Kommunikation, Persönlichkeit). *Inter*personale Variablen beziehen sich hingegen auf die Einflüsse auf der Ebene der Gesellschaft (kulturelle Einflüsse, Subkulturen, soziale Schichten) und die Einflüsse auf der Ebene der Gruppe (Mitgliedschaftsgruppen, Familie, Bezugsgruppe). Vgl. Meffert, H. (1986), S. 146.

35 Man denke hier etwa an die Emanzipation der Frau in der Gesellschaft als Trend der Vermischung der Rollenklischees der Geschlechter.

die intrapersonalen Determinanten des Konsumverhaltens verschiedener Einzelpersonen immer weniger überein. Das „Überstülpen" eines Konsumverhaltensmusters in bezug auf eine Einzelperson wird immer schwieriger, da sich deren Verhalten zunehmend sprunghaft und unberechenbar, z.T. sogar paradox[36], entwickelt.[37] Hierfür steht der Begriff „intraindividuelle Heterogenität".[38] Die Individualisierung des Konsumverhaltens zeigt sich auch darin, daß immer mehr Kundensegmente gebildet werden müssen, da die Gruppen von Einzelpersonen mit ähnlichem Kaufverhalten zunehmend kleiner werden und stark voneinander abweichen. Diese „interindividuelle Heterogenität" tritt dann auf, wenn immer weniger Konsumenten ein ähnliches Konsumentenverhalten offenlegen.[39] Im Extremfall ist es nicht mehr möglich, homogene Gruppen zu finden, die auf ein und dasselbe Produktangebot positiv reagieren.

Die Individualisierung des Konsumverhaltens ruft beim Kunden den Wunsch nach individuellen Produkten hervor. Eine Vielzahl an vorhandenen elektronischen und gedruckten Medien trägt dazu bei, den Verbraucher mit Informationen über alle Bereiche des menschlichen Lebens zu überfluten und individuelle Wünsche beim Konsumenten verstärkt auszulösen.[40] Vor allem in der Werbung wird dem Konsumenten suggeriert, daß er sich mit speziell auf ihn ausgerichteten Produkten von der breiten Masse distanzieren kann.

Die Folge der Individualisierungstendenzen des Konsumverhaltens ist ein Produktsystemangebot, das sich an den Wünschen und Bedürfnissen der Abnehmer orientiert. Unter wettbewerblichen Gesichtspunkten wird ein auf den Konsumenten abgestimmtes Angebot, mit dem der Kunde individuell angesprochen werden kann, eine höhere Attraktivität erreichen als ein Angebot, das auf die breite Masse der Verbraucher zugeschnitten ist. Mit der verstärkten Bildung von Produktvarianten und dem Angebot von maßgeschneiderten Produkten wird versucht, den unterschiedlichen Ansprüchen der Einzelpersonen gerecht zu werden. Mit dem Werbeslogan „Jedem der Seine - Ihr Wunsch-PC in 2 Tagen" zielt beispielsweise die Firma Vobis darauf ab, dem Kunden zu vermitteln, daß innerhalb kürzester Zeit ein eigener, persönlicher Computer maßgefertigt werden kann.

Maßgeschneiderte Lösungen sind auch auf dem PKW-Markt zu verzeichnen. Es werden kaum zwei Fahrzeuge mit identischer Ausstattung hergestellt[41], kein Produkt gleicht somit dem anderen, der Trend zur Losgröße 1 ist offensichtlich.

---

36 Vgl. Rode, F. A. (1991), S. 137.

37 In diesem Zusammenhang ist auch das *variety seeking* erwähnenswert. Beobachtet man nämlich das Kaufverhalten von Individuen im Zeitablauf, läßt sich zeigen, daß diese Marken gleicher Produktgattung aufgrund des Realphänomens *Wunsch nach Abwechslung* austauschen. Vgl. hierzu Herrmann, A./Gutsche, J. (1994), S. 64.

38 Vgl. Gierl, H. (1989), S. 422.

39 Vgl. Gierl, H. (1989), S. 422.

40 Vgl. Rode, F. A. (1991), S. 139.

41 Vgl. Gierl, H. (1989), S. 428.

Die Ausrichtung der am Markt angebotenen Produktsysteme an den Bedürfnissen und Vorstellungen der Konsumenten führt - verursacht durch die Individualisierungstendenzen bei den Konsumenten - unausweichlich aufgrund der vielen Variantenbildungen zu Produktprogrammaufblähungen und damit zu einer unüberschaubaren Produktsystemvielfalt.

3.2.2. Wirkungen der Produktsystemvielfalt

3.2.2.1. Variantenfertigung

Wie in Abschnitt 3.2.1.2. angesprochen, versuchen viele Unternehmen, mit immer noch mehr angepaßten Produkten die Anforderungen der Kunden zu erfüllen.[42] Mit einer Ausdehnung der Produktpalette um kundenspezifische Produkte versprechen sich viele Unternehmen eine Stabilisierung und Steigerung des Marktanteils.[43] Durch ein breites Produktprogramm soll ein großer Kundenkreis und damit wirtschaftliche Stärke geschaffen werden, die ein Bestehen unter zunehmendem Wettbewerbsdruck gewährleistet.[44]
In der Erweiterung der Produktpalette finden nicht nur die Kundenwünsche auf nationaler Ebene Berücksichtigung. Die Produktion für Exportländer verursacht weitere individuelle Anforderungen, da mit der Herstellung von Gütern für das Ausland unterschiedliche gesetzliche Vorschriften verbunden sind.[45] Von Land zu Land gelten bspw. verschiedene technische Auflagen, so daß spezielle Ausführungen für die jeweils importierenden Länder anzufertigen sind.[46] Auch unterschiedliche „Geschmacksvorlieben" verschiedener Kulturen sind zu berücksichtigen, man denke hier nur etwa an die landesspezifischen Geschmacksvarianten des Erfrischungsgetränks Coca-Cola.[47] Die Beachtung nationaler und internationaler Kundenwünsche führt zu Produktdifferenzierungen und damit zu einer steigenden Variantenzahl.[48] Nach DIN 199 sind Varianten „... Gegenstände ähnlicher Form und/oder Funktion mit einem i.d.R. hohen Anteil identischer Gruppen oder Teile."[49] In erweiterter Form sind Varianten Gegenstände, „... die Ähnlichkeiten in bezug auf ihre geometrischen Abmessungen, das verwendete

---

42 Vgl. auch Goetze, S. v. (1992), S. 3.
43 Vgl. Rommel, G. et al. (1993), S. 9.
44 Vgl. Roever, M. (1991), S. 253; vgl. auch Schlegel, H. (1978), S. 65 und Warnecke, H.-J. (1997), S. 3.
45 Vgl. Eversheim, W./Schuh, G./Caesar, C. (1988), S. 45.
46 Vgl. Schulte, C. (1989), S. 60.
47 Vgl. Rathnow, P. J. (1993), S. 15.
48 Vgl. Lingnau, V. (1994), S. 178.
49 Posten, K./Abels, H. (1991), S. 8; Lingnau, V. (1994), S. 23 und Zimmermann, G. (1988), S. 1.

Material oder die eingesetzte Produktionstechnologie aufweisen."[50] Die Herstellung von Varianten ist in vielen Branchen zu finden. Besonders in der Automobilbranche zeigt sich das in Serienproduktion hergestellte Produktprogramm zunehmend heterogen, kaum eine Produktvariante wird mehrfach produziert. Dadurch, daß der Konsument bei einem PKW-Kauf etwa aus acht Karosserieausführungen, fünf Motor- und zwei Getriebevarianten, fünf Ausstattungspaketen, zwanzig frei kombinierbaren Zusatzausstattungen sowie 10 Farben und fünf Bezugsstoffen auswählen kann, besteht die Möglichkeit, daß rein theoretisch 2.097.150.000 Varianten nachgefragt werden.[51] Eine große Bandbreite von Differenzierungsmöglichkeiten bietet Audi beim A3 an. In puncto Design, Material, Farben und Ausstattung muß kein A3 dem anderen gleichen.[52] Ein anderes Beispiel, das zeigt, wie Variantenvielfalt entstehen kann, ist dem Bereich der Nutzfahrzeuge entnommen.[53] Dort werden Traktoren für verschiedene Anwendungsgebiete hergestellt: für die Landwirtschaft, Rinderhaltung, Forstwirtschaft, für den Garten-, Obstanbau, den Straßenbau und die Verteidigung. Jedes Anwendungsgebiet beansprucht nun andere Anforderungen bezüglich PS-Zahl, Gängezahl, Höchstgeschwindigkeit, Lebensdauer und Komfort, so daß viele Varianten gebildet werden können.

Ein Indikator für die Zunahme der Heterogenität des Produktprogramms ist die sinkende Wiederholhäufigkeit als Verhältnis von produzierter Stückzahl zu Variantenzahl.[54] In vielen Branchen läßt sich eine steigende Variantenzahl feststellen. „Untersuchungen von Wildemann (1991) bei 29 Unternehmen zeigen für einen Zeitraum von 10 Jahren ..." (unter anderem eine) „... Zunahme der Artikelzahl um bis zu 130 % ..." (und eine) „... Erhöhung der Variantenzahl um bis zu 420 %."[55]

Die durch die Variantenanzahl verursachte Produktsystemvielfalt kann zwar Kundennutzen stiften, sie stellt aber auch einen maßgeblichen Kostentreiber dar.[56] Die Flexibilisierung von computergestützten Material- und Informationsflüssen scheint es möglich zu machen, jede Produktvielfalt ohne zusätzliche Kosten bewältigen zu können.[57] Die Entscheidung zur Ausdehnung der Produktpalette um kundenspezifische Varianten wird häufig vom Vertrieb allein

50 Hoitsch, H.-J./Lingnau, V. (1995), S. 390. Vgl. zum Begriff der Variante und zur Klassifizierung der Variantenarten die ausführliche Darstellung bei Lingnau, V. (1994), S. 23 ff. und Zimmermann, G. (1988), S. 2 ff.

51 Vgl. Schlegel, H. (1978), S. 67.

52 Vgl. o.V. (1996), S. WR6.

53 Vgl. Backhaus, K. (1995), S. 256.

54 Vgl. Eversheim, W./Schuh, G./Caesar, C. (1988), S. 45.

55 Mühlbradt, T./Mirwald, D. (1992), S. 41.

56 Vgl. Rommel, G. et al. (1993), S. 23 und Coenenberg, A. G./Prillmann, M. (1995), S. 1232. Allerdings kann eine gewisse Angebotsvielfalt auch Vorteile haben, z.B. können Touristikunternehmen durch eine breite Streuung der Reiseziele eventuelle Währungsrisiken umgehen. Vgl. Roever, M. (1991), S. 253.

57 Vgl. Roever, M. (1991), S. 253.

getroffen.[58] Dabei werden oft die Auswirkungen einer solchen Entscheidung auf die anderen Funktionsbereiche vernachlässigt, worauf im nächsten Abschnitt eingegangen werden soll.

3.2.2.2. Kosteneffekte der Produktsystemvielfalt

Produktsystemvielfalt bedeutet Vielfalt im Produktprogramm. Damit hängen unmittelbar Kunden- und Auftragsvielfalt zusammen, die gemeinsam eine Teile- und Materialvielfalt mit sich bringen.[59] Ein Großteil der Gesamtkosten eines Unternehmens wird durch die Teile- und Materialvielfalt verursacht. Bei einem Automobilhersteller sind bis zu 15-20 % der Gesamtkosten abhängig von der Vielfalt und Komplexität, z.B. Anzahl der Teile und Varianten, des Produktprogramms.[60] Der größte Anteil der Produktkomplexitätskosten entfällt dabei auf den Bereich Konstruktion/Entwicklung mit 20-40 % und auf den Bereich Produktion mit 30-40 %.[61]
Die Planung und Steuerung wird nahezu in allen Funktionsbereichen eines Unternehmens von Kostensteigerungen, ausgelöst durch eine steigende Teile- und Materialvielfalt, betroffen. Für den Konstrukteur ist es oft weniger aufwendig, ein Kleinteil wie einen Bolzen schnell zu konstruieren, als im umfangreichen Teilekatalog nach einem passenden Stück zu suchen. Die Neukonstruktion des Kleinteils verursacht jedoch eine wahre Kostenwelle über alle Funktionsbereiche.[62] Neue Arbeitspläne müssen erstellt werden, der Bolzen ist zu dokumentieren, an der Montagelinie bereitzustellen und zu bevorraten, um nur ein paar Aspekte aufzuzeigen. Dieses Beispiel macht deutlich, daß häufig wie hier im Bereich Konstruktion/Entwicklung die Berücksichtigung potentieller Folgekosten vernachlässigt wird.

Bei der Aufnahme sowohl neuer Teile als auch neuer Varianten in das Produktprogramm fällt ein Mehraufwand in den Funktionsbereichen an. Dabei steigen die Gemeinkosten, unabhängig davon, wieviel beispielsweise die neue Variante zum Umsatz beiträgt.[63]
Wie sich die Vielfalt auf ausgewählte Funktionsbereiche hinsichtlich entstehender Kosten auswirkt, ist in der folgenden Abbildung dargestellt.

58 Vgl. Goetze, S. v. (1992), S. 3.
59 Vgl. Schulte, C. (1989), S. 60.
60 Vgl. Coenenberg, A. G./Prillmann, M. (1995), S. 1237.
61 Vgl. Rommel, G. et al. (1993), S. 24.
62 Vgl. Rommel, G. et al. (1993), S. 22. Vgl. auch Adam, D./Rollberg, R. (1995), S. 667.
63 Vgl. Roever, M. (1991), S. 253.

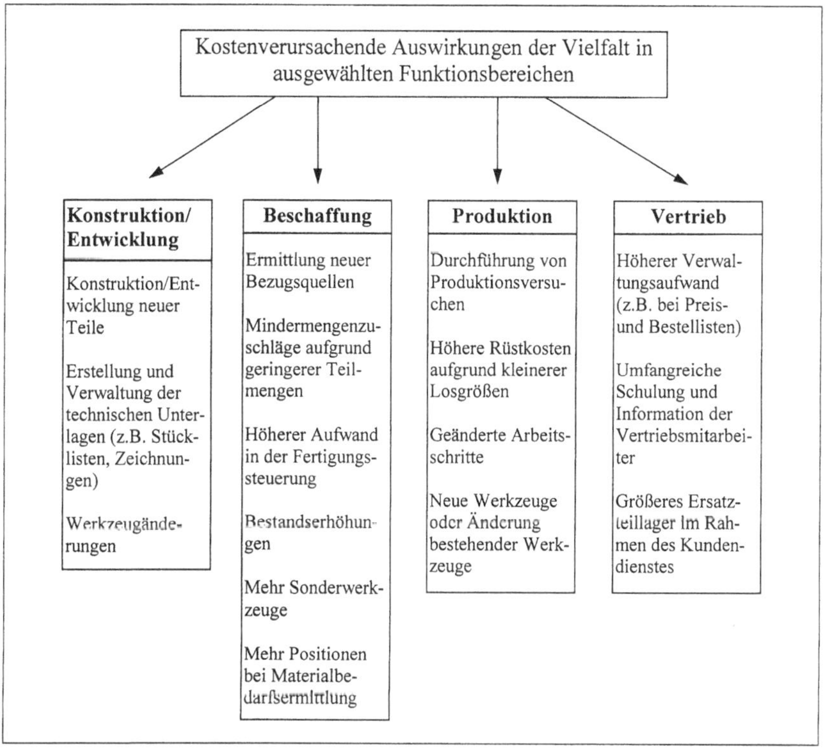

Abbildung 3.3: Kostenwirkungen der Vielfalt in ausgewählten Funktionsbereichen[64]

Auf die Problematik der Ermittlung der Kosten der Vielfalt und der Bewertung von Varianten soll an dieser Stelle nicht eingegangen werden. Es wird hierzu auf die Veröffentlichungen von Schuh (1988), von Goetze (1992) und Rathnow (1993) verwiesen.

Es kann festgehalten werden, daß es im Bereich der Produktgestaltung Komplexitätsreduzierungsmaßnahmen zu nutzen gilt. Mit einer Umgestaltung des Produkts, z.B. durch die Vereinheitlichung von Komponenten, Teilen oder gar ganzen Produkten, lassen sich erhebliche Kostensenkungspotentiale erschließen.

64 In Anlehnung an Schulte, C. (1989), S. 61 und Rathnow, P. J. (1993), S. 20-22.

3.3. Standardisierung als Verfahren zur Produktsystemvereinheitlichung

Den Gegenpol zum Angebot von Produkten, die auf individuelle Kundenwünsche eingehen, bildet das Angebot von standardisierten Produkten, die die durchschnittlichen Anforderungen der Kunden erfüllen.
Allgemein wird unter Standardisierung die Vereinheitlichung von Gegenständen und Verfahrensweisen verstanden.[65] Mit Hilfe von Vereinheitlichungsvorhaben soll vorrangig die Reproduzierbarkeit von Gegenständen und Prozessen erzielt werden. Bezogen auf Gegenstände wird unter Standardisierung eine Strategie verstanden, „... bei der ein Unternehmen die von ihm angebotene Leistung an den Ansprüchen ausrichtet, die die potentiellen, anonymen Nachfrager erwartungsgemäß gemeinsam aufweisen, und zwar dergestalt, daß für einen Markt nur eine einzige einheitliche Leistung erstellt und unter Umständen auf Vorrat produziert wird.“[66]
Voraussetzung für das Ansetzen von Standardisierungsmaßnahmen bei Gegenständen ist die Beherrschbarkeit von Material und Maß, die unmittelbar sowohl mit der Homogenisierung der bei der Herstellung verwendeten Materialien - beispielweise in bezug auf gleiche Eigenschaften und Qualität eingesetzter Naturmaterialien - als auch mit der Vereinheitlichung der Meßsysteme zusammenhängt. Bezogen auf Produktsysteme bedeutet Vereinheitlichung, „... daß mit der gleichen Produktausführung eine Mehrzahl von Abnehmern beliefert werden kann bzw. derselbe Abnehmer mehrere Stücke ein und desselben ... Produkttyps ... erhält.“[67]

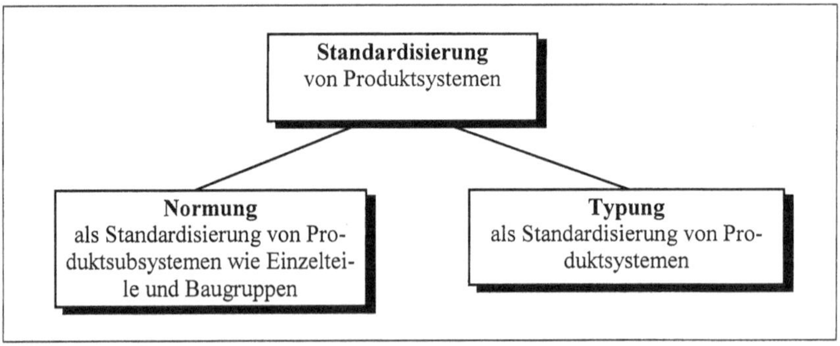

Abbildung 3.4: Normung und Typung als Elemente der Standardisierung von Produktsystemen

65 Vgl. Wiese, H./Geisler, M. (1996), Sp. 1897.
66 Mayer, Ra. (1993), S. 45.
67 Arbeitskreis „Marketing in der Investitionsgüter-Industrie“ der Schmalenbach-Gesellschaft (1977), S. 40.

Im Rahmen der Standardisierung von Gegenständen bzw. Produktsystemen kommt der Normung als Vereinheitlichung von Materialien, Einzelteilen und Baugruppen und der Typung als Vereinheitlichung von Endprodukten große Bedeutung zu.[68]
Mit der Standardisierung soll Produktsystemeinfachheit statt -vielfalt erreicht werden. Die Typung beschränkt dabei die Sortimentsvielfalt, die Normung reduziert die Teilevielfalt.
Nachfolgend werden einige Stationen der technischen Vereinheitlichung aufgezeigt und die Begriffe der Normung und Typung erklärt.

3.3.1. Historische Entwicklung der technischen Vereinheitlichung

Vereinheitlichungsbestrebungen können seit vielen Jahrtausenden festgestellt werden. Grundlage einer Vereinheitlichung sind verbindliche Maßsysteme. Bereits in der Antike waren Längenmaße bekannt. Ca. 7000 v. Chr. wurde in Ägypten die „königliche Elle“ aus schwarzem Granit auf eine Länge von 460 mm festgelegt, bis um 4000 v. Chr. die Umnormung der Elle auf 463,3 mm erfolgte und Längenmaße wie Fuß, Spanne und Breite davon abgeleitet wurden.[69]
Zur Zeit der alten Römer und Griechen läßt sich beispielsweise die Normung von Backsteinmaßen beobachten.[70]
In der Neuzeit entwickelten die Zünfte Vorgaben für die Maße und Qualität der Produkte. Im 13. Jahrhundert wurden z.B. Maß- und Qualitätsvorschriften für die Gewebe- und Tuchprüfung bzw. für die -besiegelung eingeführt.[71]
Im 15. Jahrhundert erfand Johannes Gutenberg den Buchdruck mit aus Metall gegossenen Lettern, die immer wieder neu kombiniert werden konnten. Die Größe der Buchstaben war genormt, damit sie jederzeit austauschbar und zu einem neuen Drucksatz zusammenstellbar waren.
Auch in der Kriegskunst gab es Vereinheitlichungsbestrebungen. Den Nutzen der Normung beim Schiffbau erkannte Venedig im 15. Jahrhundert. Es wurde eine Werft für Fließbandproduktion errichtet, in der schließlich im Krieg gegen die Türken im Jahre 1570 hundert Schiffe pro Tag gebaut wurden.[72]
In der Frühphase der Industrialisierung wurde während der Französischen Revolution von der Französischen Nationalversammlung das metrische Maß- und Gewichtssystem eingeführt und das Maß „Meter“[73] festgelegt.[74] Ein ein Meter

68 Vgl. Wiese, H./Geisler, M. (1996), Sp. 1897 f.
69 Vgl. Kypke, U. (1982), S. 73 f.
70 Vgl. Garbotz, G. (1920), S. 8.
71 Vgl. Kypke, U. (1982), S. 74.
72 Vgl. Collazzo, C. (1979), S. 60 f.
73 Abgeleitet vom griechischen metron (= Maß). Ein Meter sollte dem 40millionsten Teil eines Längengrades entsprechen.
74 Vgl. Garbotz, G. (1920), S. 10.

langer Platinstab wurde gegossen und Kupferabgüsse davon im ganzen Land verteilt.
E. Withney produzierte um 1800 Gewehrschlösser auf der Basis austauschbarer Teile. Dasselbe Produktionsprinzip wurde später auf Uhren übertragen. Mit Hilfe einer Schablone wurden die Maße und Merkmale eines Bauteils erfaßt.[75]

Die ersten technischen Normen waren innerbetriebliche Normen oder Werknormen. Mit dem Aufkommen der Massenproduktion begann vor allem die metallverarbeitende Industrie mit der Spezialisierung der Produktionsabläufe, und so wurde es notwendig, daß das spezifische Wissen eines Betriebs in Form von innerbetrieblichen Normen festgehalten wurde.[76] Die innerbetrieblichen Normen sind auch heute noch verantwortlich für das Rationalisierungspotential eines von einem Unternehmen produzierten Produktprogramms.
Folgendes Beispiel kann für überbetriebliche Normung herangezogen werden: Das von Whitworth 1841 in England eingeführte genormte Gewindesystem fand auf der ganzen Welt als erste technische Norm auf überbetrieblicher Ebene Gültigkeit.[77] Auch mit der überbetrieblichen Festlegung von Schienenbreiten und Signalen sollte eine Vereinheitlichung des Verkehrswesens erzielt werden.[78] Im Jahre 1856 wurde der Verein deutscher Ingenieure (VDI) gegründet, der sich der technischen Vereinheitlichung zuwandte. Im Mittelpunkt stand die Vereinheitlichung der Draht- und Blechstärken sowie der Gewinde- und Schraubenmaße.[79]

Die Industrialisierung des 19. Jahrhunderts brachte neue Techniken und den Übergang von der Serien- zur Massenproduktion. Daraus entstand ein Muß zur Vereinheitlichung der Maßsysteme und vieler Einzelteile wegen wirtschaftlicher Produktion und Austauschbarkeit.[80]

3.3.2. Normung

Unter Normen versteht man „... die stets gleiche Lösung einer sich wiederholenden Aufgabe."[81] Normen kommen in allen Bereichen des täglichen Lebens vor und dienen zum Zweck der Vereinfachung und Vereinheitlichung.[82] Die Sozialwissenschaften beschäftigen sich mit den sozialen Normen - wie religiöse Normen und Normen der Moral - die Rechts- und Wirtschaftswissenschaften

75 Vgl. Kypke, U. (1982), S. 75.
76 Vgl. Kypke, U. (1982), S. 16.
77 Vgl. Berger, K.-H. (1984), Sp. 1356 und Garbotz, G. (1920), S. 33.
78 Vgl. Kypke, U. (1982), S. 77 f.
79 Vgl. Kypke, U. (1982), S. 79.
80 Vgl. Berger, K.-H. (1984), Sp. 1356.
81 Dhen, K. (1965) zitiert bei Papen, S. v. (1977), S. 15.
82 „Normung als Vereinheitlichung ist auf allen Gebieten menschlichen Denkens und Handelns zu finden." Papen, S. v. (1977), S. 15.

betrachten die Rechtsnormen und die Ingenieurwissenschaften die technischen Normen.[83] Je nach dem Grad der Normung wird im technischen Bereich in Grundnorm, Fachnorm oder Fachgrundnorm unterschieden. Berücksichtigt man den Inhalt einer Norm, wird in Dienstleistungsnorm, Gebrauchstauglichkeitsnorm, Liefernorm, Maßnorm, Planungsnorm, Prüfnorm, Qualitätsnorm, Sicherheitsnorm, Stoffnorm, Verfahrensnorm und Verständigungsnorm unterteilt, wobei eine Norm aufgrund ihres Inhalts zu mehreren Normenarten gehören kann.[84]
In der Produktionswirtschaft beziehen sich Normen hauptsächlich auf Sachgüter, Abläufe und Methoden. Bei den Sachgütern beschränkt sich der Normenbegriff auf Elemente und Teile eines Produktsystems.[85]
Normen werden durch den Vorgang der Normung festgelegt. Die Ideen, die jeder Normung zugrunde liegen, sind „... Einheitlichkeit, Konsistenz und Systematik."[86] Der Begriff der Normung wird in der DIN 820, Teil 1 vom Februar 1974 folgendermaßen definiert:
„Normung ist die planmäßige, durch die interessierten Kreise gemeinschaftlich durchgeführte Vereinheitlichung von materiellen und immateriellen Gegenständen zum Nutzen der Allgemeinheit. Sie darf nicht zu einem wirtschaftlichen Sondervorteil einzelner führen. Sie fördert die Rationalisierung und Qualitätssicherung in Wirtschaft, Technik, Wissenschaft und Verwaltung. Sie dient der Sicherheit von Menschen und Sachen sowie der Qualitätsverbesserung in allen Lebensbereichen. Normung dient außerdem einer sinnvollen Ordnung und der Information auf dem jeweiligen Normungsgebiet. Die Normung wird auf nationaler, regionaler und internationaler Ebene durchgeführt."[87] Auf nationaler Ebene ist heute das Deutsche Institut für Normung e. V. (DIN) zuständig für die Aufstellung von Normen, die unter Mitarbeit aller beteiligten Wirtschaftszweige und Behörden herausgegeben werden. Die nicht durch DIN-Normen abgedeckten Werknormen beziehen sich auf innerbetriebliche Vereinheitlichungen.[88]
Auf internationaler Ebene sorgt die International Organization for Standardization (ISO) durch die Ausarbeitung von Normen für den länderübergreifenden Austausch von Gütern.[89] Früher bezogen sich Normen fast ausschließlich auf Produkte und Herstellungsverfahren, heute beinhalten sie darüber hinaus sicherheitstechnische, qualitäts- und umweltschutzorientierte Aspekte, wie z.B. bei Managementsystemen[90]. Normen kann somit die bedeutende Rolle der Do-

---

83 Vgl. Reimers, K. (1995), S. 8 f.
84 Vgl. Deutsches Institut für Normung (1987), S. 89.
85 Vgl. Berger, K.-H. (1984) Sp. 1353.
86 Kypke, U. (1982), S. 19.
87 Kypke, U. (1982), S. 12. Vgl. auch die dort befindlichen weiteren Definitionen zum Begriff der Norm und Normung.
88 Vgl. Papen, S. v. (1977), S. 15.
89 Vgl. Berger, K.-H. (1984), Sp. 1357 f.
90 Zu Ansätzen zur Integration von Qualitäts-, Umwelt- und Arbeitssicherheitsmanagementsystemen vgl. Pischon, A. (1997), S. 54 ff.

kumentation und Überlieferung von Technologie und Stand der Technik zugesprochen werden.

3.3.3. Typung

Bezogen auf Produktsysteme bedeutet Typung die Standardisierung bzw. Vereinheitlichung von Endprodukten. In Abgrenzung zur überbetrieblichen Normung wird die Typung unternehmensindividuell angewendet. Ihre Aufgabe ist die Beschränkung einer von einem Unternehmen angebotenen Produktprogrammvielfalt und stellt somit eine Rationalisierungsmaßnahme dar, da sie eine „... meist unwirtschaftliche Variationsbreite einer Produktpalette auf ein wirtschaftlich vertretbares Maß zurückführen ...“[91] soll. Zur transparenten Gestaltung des Produktprogramms zielt die Typung im Rahmen der Standardisierung auf die Bildung von Typengruppen ab.

Produkttypen sind eine Klasse von ähnlichen Produkten, die in bezug auf Eigenschaften (z.B. hinsichtlich physikalischer Größen wie Leistung oder Gestalt wie Form und Abmessung, bzw. Werkstoffart wie Stahl oder Kunststoff, Qualität, Sicherheit), Funktionen oder Arbeitsprinzipien vergleichbar sind.[92] Produkttypen lassen sich häufig bei komplexen Produkten wie Werkzeugmaschinen, Kraftfahrzeugen und Elektrogeräten finden.

Die Bildung von Typen kann unter unterschiedlichen Aspekten erfolgen:[93]

Aus der Sicht des Vertriebs bietet sich die Typenbildung nach folgenden Kriterien an:

- höhere Transparenz des Produktprogramms
- einfachere Analyse der Kundenwünsche
- Gruppierung nach gleichartigen Absatzverläufen.

Aus dem Blickwinkel der Konstruktion und Arbeitsplanung können Typen festgelegt werden nach den Kriterien

- unterstützte maschinelle Konstruktion durch abgewandelte Konstruktionen
- standardisierte Erzeugnisse
- unterstützte maschinelle Zeichnungserstellung.

---

91 Papen, S. v. (1977), S. 33.

92 Vgl. Lingnau, V. (1994), S. 20.
Unter diesem Aspekt wird auch die Bedeutung der Typung für die Baureihenbildung deutlich. „Unter einer *Baureihe* versteht man technische Gebilde (Maschinen, Baugruppen oder Einzelteile), die dieselbe Funktion
- mit der gleichen Lösung
- in mehreren Größenstufen
- bei möglichst gleicher Fertigung
in einem weiten Anwendungsbereich erfüllen.“ Pahl, G./Beitz, W. (1997), S. 575.

93 Vgl. Zimmermann, G. (1988), S. 229 f. und vgl. Lingnau, V. (1994), S. 21.

Unter fertigungstechnischen Gesichtspunkten können die Kriterien

- Bildung von Teile- und Fertigungsfamilien zwecks reduzierten Rüst- und Durchlaufzeiten
- Bildung von Ablauffamilien durch Zusammenfassung nach dispositiven Gesichtspunkten

herangezogen werden.

Auch eine DV-technische Betrachtung ist zur Bildung von Typen denkbar.[94] Möglich wäre ebenso eine Zugrundelegung von sicherheitstechnischen Kriterien oder eine Typenbildung unter Umweltschutzaspekten wie Recyclingmöglichkeiten, je nachdem, welche Zielsetzung mit der Typung verfolgt werden soll.

Nachdem die Normung und Typung als Methoden zur Vereinheitlichung erläutert worden sind, werden nun ausgewählte Wirkungen der Standardisierung untersucht.

3.3.4. Ausgewählte Wirkungen der Produktsystemvereinheitlichung durch Standardisierung

3.3.4.1. Massenfertigung

Henry Ford führte die Massenfertigung von Automobilen ein. Er war 1903 der Meinung, daß ein Auto dem anderen gleichen solle, wie eine Nadel der anderen.[95] Nach diesem Vorsatz wurde das T-Modell 1907 entwickelt und 1908 am Markt in der einzig erhältlichen Farbe - schwarz - angeboten.[96] Im August 1913 erfolgte die Inbetriebnahme des Fließbandes, welches die Produktivität erhöhte, da nur noch eine einzige Tätigkeit von einem Arbeiter am Band ausgeführt werden mußte.[97] Daraus folgte eine gewisse Abhängigkeit des gesamten Herstellungsverfahrens vom einwandfreien Betrieb des Fließbandes mit spezialisierten Maschinen und Arbeitern.[98] Der Erfolg war dennoch groß. Anfang der 1920er Jahre produzierte Ford 2 Millionen identische Fahrzeuge pro Jahr mit dem Ergebnis eines um zwei Drittel reduzierten Endverkaufspreises.[99]
Allgemein formuliert kann die Massenproduktion als eine Methode zur Herstellung von Produkten in großen Mengen bezeichnet werden, die mit einem reibungslosen Ablauf von Fließbändern und einer Spezialisierung der Maschinen

---

94 Vgl. Zimmermann, G. (1988), S. 230.
95 Vgl. Gabel, H. L. (1993), S. 123.
96 Vgl. Gabel, H. L. (1993), S. 123.
97 Vgl. Womack, J. P./Jones, D. T./Roos, D. (1994), S. 32.
98 Vgl. Pine, B. J. II. (1994), S. 48.
99 Vgl. Womack, J. P./Jones, D. T./Roos, D. (1994), S. 34.

und Arbeiter gekennzeichnet ist.[100] Eine wichtige Voraussetzung für die Herstellung von Produkten mit dem Fertigungstyp Massenproduktion ist die Standardisierung von Zukauf- und Fertigungsteilen, so daß Austauschbarkeit der Teile gegeben ist.[101] Daraus folgt eine leichtere und vor allem paßgenaue Montage, die zum Wettbewerbsvorsprung gegenüber Konkurrenzprodukten führen kann.

Aus fertigungstechnischer Sicht beruht die Massenproduktion auf den folgenden Prinzipien:

- Austauschbarkeit der Teile
- hoher Spezialisierungsgrad der Maschinen
- Fließfertigung[102]
- gleichmäßige Produktqualität
- Produktstandardisierung.

Mit der Massenproduktion wird das Ziel verfolgt, die Entwicklung, Herstellung, Vermarktung und Lieferung von Produkten so zu kalkulieren, daß die Preise niedrig genug sind, so daß fast jeder sich diese Produkte leisten kann.[103]

3.3.4.2. Kosteneffekte der Produktsystemvereinheitlichung

Standardisierung als Vereinheitlichungsansatz bewirkt eine Reduzierung der Material- und Teilevielfalt, als deren Konsequenz sich einerseits Kostenreduzierungen in Form von Skaleneffekten und Erfahrungskurveneffekten ergeben.[104] Andererseits sind Kostenerhöhungen im Zuge der Standardisierungsmaßnahmen zu erwarten.

---

100 Vgl. Pine, B. J. II. (1994), S. 29 f.

101 Vgl. Gabel, H. L. (1993), S. 122. Im Jahre 1908 wurde erstmals die Austauschbarkeit von Autoteilen öffentlich demonstriert. Ein Geschäftsführer von Cadillac ließ drei seiner Autos in die elementaren Teile zerlegen, vermischte die Teile und ersetzte 100 Teile durch Stücke aus dem Lager. Danach wurden die drei Autos mit Schraubenzieher und -schlüssel wieder zusammenmontiert und auf einer 500 Meilenfahrt getestet.

102 Zum Organisationstyp der Fließfertigung und deren weitere Unterteilung vgl. Kreikebaum, H. (1984), Sp. 1397 f.

103 Vgl. Pine, B. J. II. (1994), S. 82.

104 Vgl. Wiese, H./Geisler, M. (1996), Sp. 1899.

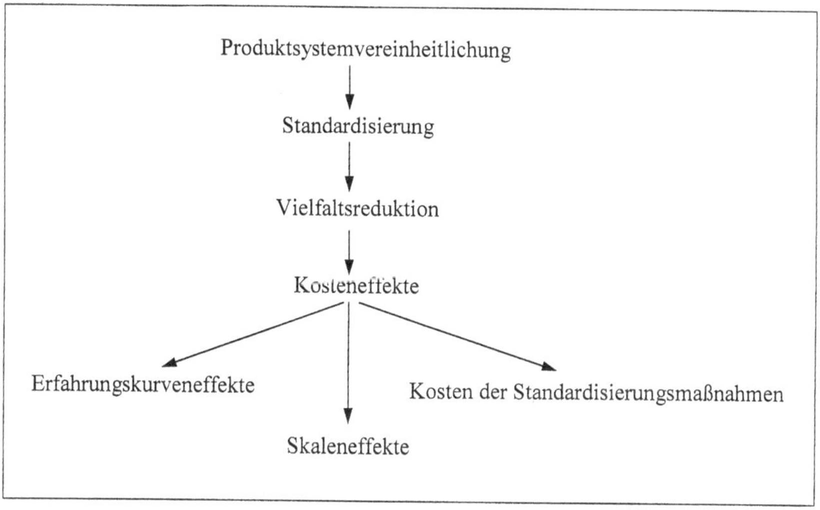

Abbildung 3.5: Kostenwirkungen der Produktsystemvereinheitlichung

Der Erfahrungskurveneffekt beschreibt die Hypothese, daß die in der Wertschöpfung eines Produkts enthaltenen Kosten bei Verdoppelung der kumulierten Produktmenge um eine konstante Quote von 20-30% abfallen.[105] Aus einem Mengenzuwachs sind Kostenrückgänge ableitbar, basierend auf Lernvorgängen des Produktionspersonals, die sich mit der Repetition von Tätigkeiten - als „Using of Know-how" - einstellen.[106] Solche Lerneffekte ergeben sich als mehrperiodige Wirtschaftlichkeitseffekte. Mit zunehmender Erfahrung besteht für den Produzenten die Möglichkeit, Rationalisierungspotential zu erkennen und auszuschöpfen, denn mit steigendem Produktionsvolumen gehen auch aufgrund gesammelter Erfahrungen kostengünstigere Beschaffungsquellen und Verfahren in der Fertigung einher.[107]

Mit der Reduzierung der Vielfalt lassen sich bei statischer Betrachtung auch Skaleneffekte realisieren, aus denen größenbedingte Kostenersparnisse resultieren. Wird im Extremfall nur ein standardisiertes Produkt bei kontinuierlicher Fertigung ohne Auflagenwechsel hergestellt, kann das „Gesetz der Massenproduktion" von Karl Bücher (1910) herangezogen werden.[108] Dieses Gesetz bringt zum Ausdruck, daß der Anteil der Fixkosten an den gesamten Stückkosten um

---

105 Vgl. Henderson, B. D. (1974), S. 19.
106 Vgl. Mayer, Ra. (1993), S. 90.
107 Vgl. Henderson, B. D. (1974), S. 26 f.
108 Zum *Gesetz der Massenproduktion* vgl. Gutenberg, E. (1965), S. 119 ff. und Dörrie, U./Metze, G. (1976), S. 422 f.

so geringer wird, je mehr Stücke gefertigt werden, woraus sich ein hyperbolischer Verlauf der Gesamt-Stückkostenkurve ableiten läßt, der sich im Unendlichen den horizontal verlaufenden variablen Stückkosten annähert.[109] Mit stärkerer Auslastung der Fertigungskapazität verringert sich die Fixkostenbelastung - z.B. durch Entwicklungskosten und Vertriebskosten - je produzierter Fertigungseinheit, da die auflagenfixen Kosten auf eine immer größere Zahl von hergestellten Stücken umgelegt werden können. Werden standardisierte Produktsysteme in einem kontinuierlichen Fertigungsfluß hergestellt, ergibt sich eine Fixkostendegression und ein geringerer Koordinationsaufwand über alle Funktionsbereiche des Unternehmens.[110]

Die Planung und Durchführung von Standardisierungs- bzw. Vereinheitlichungsvorhaben bringen Veränderungen der Kostensituation des Unternehmens mit sich, so daß Vereinheitlichungsbestrebungen mit einer Investitionstätigkeit verglichen werden können. Vorrangig muß der Fertigungsapparat auf die Aufgabe vorbereitet werden, uniformen Output bezüglich Qualität und Maß bei gleichzeitiger Ausschußminimierung zu garantieren. Hierdurch erfährt der Fertigungsapparat eine Spezialisierung auf die Produktion eines standardisierten Produktsystems. Dazu sind materielle und zeitliche Aufwendungen für Umstellungen und Vorbereitungen im Fertigungsbereich erforderlich[111]: Neue Maschinen und Werkzeuge sind bereitzustellen bzw. bestehende Anlagen und Werkzeuge anzupassen, und das Bedienungspersonal ist zu schulen.[112]
Vor der Realisierung von Vereinheitlichungsmaßnahmen sind im Rahmen einer Investitionsplanung die Kostensenkungen den Kostenerhöhungen gegenüberzustellen.

Bei differenzierter Betrachtung von Produktsystemvielfalt und -vereinheitlichung lassen sich jeweils Vor- und Nachteile für den Nachfrager oder den Anbieter von Produktsystemen ableiten. Aus diesem Grunde sollen im folgenden Produktsystemvereinheitlichung und -vielfalt als Extremformen der Produktgestaltung aus der Sicht des Anbieters und des Nachfragers analysiert werden.

---

109 Vgl. Ellinger, T. (1985), S. 1. Eine empirische Untersuchung zu Skaleneffekten bei verschiedenen Produkten findet sich bei Silberston, A. (1972), S. 379 ff.

110 Vgl. hierzu Mayer, Ra. (1993), S. 99.

111 Ellinger spricht hier von einem *Vorbereitungsgrad*, der „... materielle und immaterielle Vorbereitungen in bestimmter Höhe ...“ für Produktionsprozesse kennzeichnet. Ellinger, T. (1985), S. 16.

112 Vgl. hierzu auch Bitsch, H./Martini, J./Schmitt, H. J. (1995), S. 80.

3.4. Produktsystemvereinheitlichung und -vielfalt aus der Perspektive des Nachfragers und des Anbieters

3.4.1. Die Sicht des Nachfragers

Steht ein Nachfrager vor einer Kaufentscheidung, hat er im Extremfall die Wahl zwischen einem auf ihn persönlich zugeschnittenen Produkt und einem Standardprodukt, das nur den Durchschnittsanforderungen von repräsentativen Kunden genügt. Steht z.B. der Kauf eines Möbelstücks an, hat der Nachfrager die Möglichkeit, entweder aus einem gegebenen Spektrum von massenproduzierten Einrichtungsgegenständen auszuwählen, oder sich ein Stück entsprechend seinen Vorstellungen und Wünschen maßanfertigen zu lassen. Auch das Beispiel des Kleidungskaufs zeigt, daß der Nachfrager entweder Stangenware oder ein seiner individuellen Figur angepaßtes Kleidungsstück erwerben kann. Allerdings wird es häufig so sein, daß zukünftige veränderte Bedürfnisse auch den Maßanzug als nicht mehr passend erscheinen lassen. Weitere Beispiele ließen sich beliebig anschließen.
Der Nachfrager muß sich im Kaufprozeß zwischen den Extremen Produktsystemvereinheitlichung und -vielfalt entscheiden.[113] Dabei spielt eine wichtige Rolle, welche Ziele der Nachfrager mit dem Kauf eines Produktsystems verfolgt. Ist für ihn der Preis allein ausschlaggebendes Kriterium, wird er ein standardisiertes Produktsystem wählen. Beabsichtigt er hingegen den Kauf eines auf ihn zugeschnittenen Produktsystems, ist der Preis nebensächlich, und er wird ein individualisiertes Produktsystem vorziehen. Je nach Gewichtung seiner persönlichen Ziele wird der Nachfrager eine Entscheidung treffen müssen.

In der folgenden Abbildung sind die Vor- und Nachteile, die sich aus dem Blickwinkel des Nachfragers jeweils bei Produktsystemvereinheitlichung und -vielfalt ergeben, aufgezeigt.

---

113 Die neben den genannten Extremlösungen existierenden Zwischenlösungen sollen hier nicht betrachtet werden.

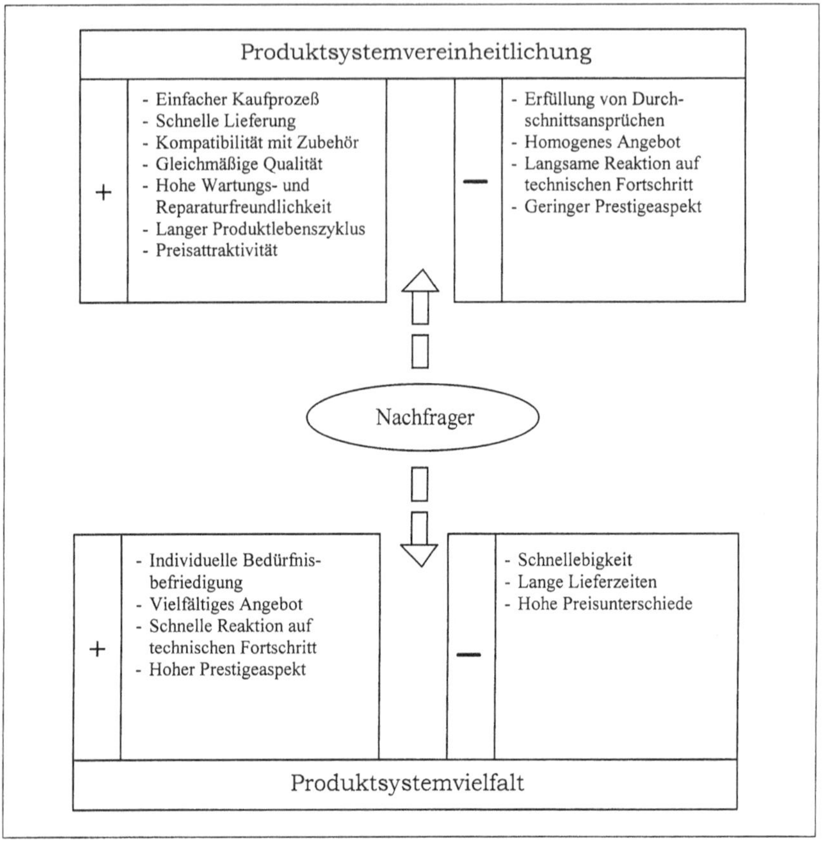

Abbildung 3.6: Der Nachfrager im Konflikt zwischen den Vor- und Nachteilen der Produktsystemvereinheitlichung und -vielfalt[114]

114 Zu den Vor- und Nachteilen der Produktstandardisierung und -individualisierung vgl. Arbeitskreis „Marketing in der Investitionsgüter-Industrie“ der Schmalenbach-Gesellschaft (1977), S. 43; Engelhardt, W. H./Günter, B. (1981), S. 165; Berger, K.-H. (1984), Sp. 1354 f.; Koppelmann, U. (1987), S. 259; Mayer, Ra. (1993), S. 137; Backhaus, K. (1995), S. 260; Bitsch, H./Martini, J./Schmitt, H. J. (1995), S. 69; Burghard, W./Kleinaltenkamp, M. (1996), S. 170 ff.

3.4.2. Die Sicht des Anbieters

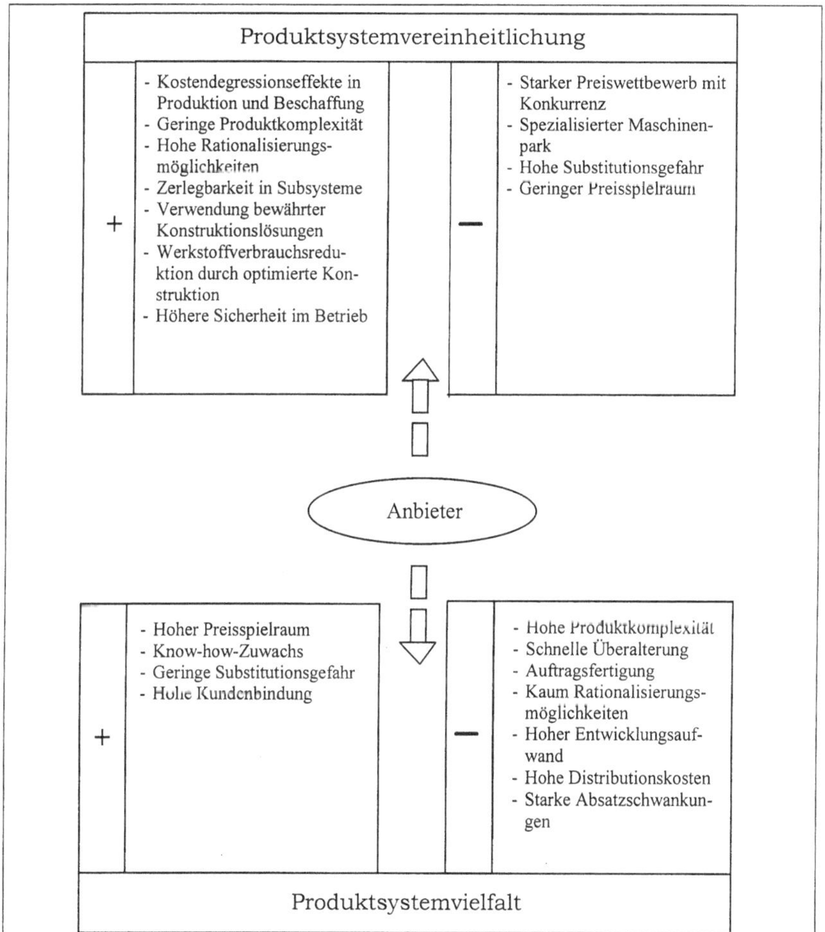

Abbildung 3.7: Der Anbieter im Konflikt zwischen den Vor- und Nachteilen der Produktsystemvereinheitlichung und -vielfalt[115]

115 Zu den Vor- und Nachteilen der Produktstandardisierung und -individualisierung vgl. Arbeitskreis „Marketing in der Investitionsgüter-Industrie" der Schmalenbach-Gesellschaft (1977), S. 43; Engelhardt, W. H./Günter, B. (1981), S. 165; Berger, K.-H. (1984), Sp. 1354 f.; Koppelmann, U. (1987), S. 259; Mayer, Ra. (1993), S. 137; Backhaus, K. (1995), S. 260; Bitsch, H./Martini, J./Schmitt, H. J. (1995), S. 69; Burghard, W./Kleinaltenkamp, M. (1996), S. 170 ff.

Die Konkurrenzfähigkeit eines am Markt angebotenen Produktsystems ist abhängig von der Wettbewerbsstrategie, die der Anbieter verfolgt. Er hat z.B. die Wahl, durch Kostenführerschaft konkurrenzfähig zu bleiben oder sich durch individuelle Produktsystemattraktivität vom Wettbewerber abzuheben. Beabsichtigt er eine feste Kundenorientierung, wird er versuchen, den Ansprüchen einzelner Nachfrager mit dem Angebot von maßgeschneiderten Produktsystemen gerecht zu werden. Will er hingegen für eine breite Abnehmerschaft produzieren, bietet sich die Produktsystemvereinheitlichung an. Bei der Überlegung, ob ein Produktsystem in vereinheitlichter oder vielfältiger Form angeboten werden soll, muß der Anbieter jeweils zwischen den Vor- und Nachteilen, die in der obigen Abbildung dargestellt sind, abwägen.
Es stellt sich nun die Frage, welcher Kompromiß hinsichtlich der Produktgestaltung zwischen den Extremformen Produktsystemvereinheitlichung und -vielfalt gefunden werden kann, der den Ansprüchen sowohl der Anbieter als auch der Nachfrager gerecht wird. Primär sollte sich die Produktgestaltung an den Kundenbedürfnissen orientieren, denn „... jeder Wettbewerbsvorteil kann letztlich nur über den Kundennutzen definiert und realisiert werden.“[116] Auf der anderen Seite wird es für die Anbieter zunehmend schwieriger, Produktsysteme herzustellen, die den sich ständig wandelnden Einflußfaktoren[117] aus dem Produktsystemumfeld standhalten können und dennoch kosteneffizient in ihrer Herstellung sind.
Dieses Spannungsverhältnis zwischen Realisierung der Kundenwünsche einerseits und Wirtschaftlichkeit andererseits ist mit einer entsprechenden Produktgestaltung aufzulösen. So sind Standardisierungen auf Baugruppen- und Teileebene anzustreben bei gleichzeitiger Gewährleistung von Produktsystemvielfalt. Ein angebotenes Produktsystem sollte mit der erforderlichen Qualität und Aktualität des Marktes ausgestattet sein und Rationalisierungspotentiale - beispielsweise durch Erhöhung von Gleichteilen - in der Fertigung erschließen.
Es soll gezeigt werden, daß diese Forderungen durch wandlungsgeeignete und entwicklungsfähige Produktsysteme, die auf einer *modularen Produktstruktur* basieren, realisiert werden können. Mit Hilfe modular aufgebauter Produktsysteme kann die Synthese von Kundenorientierung und Kosteneffizienz stattfinden.

Im folgenden werden modulare Produktsysteme charakterisiert und hinsichtlich ihres Erfolgspotentials untersucht.

116 Meffert, H. (1991), S. 126.
117 Vgl. Abschnitt 3.1.

4. Modulare Produktsysteme - Verknüpfung von Produktsystemvielfalt und -vereinheitlichung

Modulare Prinzipien finden ihre stärkste Ausprägung in Baukastensystemen, die die Basis für flexibel gestaltbare Produktsysteme bilden.[1] Aus diesem Grunde wird zunächst auf die Produktsystemgestaltung mit Baukastensystemen eingegangen, bevor die Merkmale und Eigenschaften modularer Produktsysteme aufgezeigt werden.

4.1. Produktsystemgestaltung mit Baukastensystemen

Die Gestaltung von Produktsystemen mit Hilfe von Baukastensystemen bietet die Möglichkeit, die Extremformen der Individual- und Universalproduktsysteme zu überwinden. In der Vergangenheit wurden Baukastensysteme insbesondere von Borowski (1961), Biegert (1971) und von Papen (1977) untersucht. Borowski betrachtet Baukastensysteme unter rein technischen Gestaltungsprinzipien, die bei Biegert und von Papen um das ökonomische Gestaltungsprinzip erweitert werden.

Baukästen beinhalten das Potential zur Optimierung des Systemkonzepts und erlauben Lösungen, die in der Art des Aufbaus und im Flexibilitätsgrad geändert werden können.[2] Das Prinzip des Baukastens besteht darin, daß aus einem gegebenen Baukasten mit wenigen Elementen eine Vielfalt an Produktsystemen zusammengestellt werden kann, die sich bezüglich ihrer Gesamtfunktion unterscheiden.[3] Oft ist ein Baukasten mit einer Baureihe gekoppelt, so daß die Baukastenelemente gleicher Funktion unterschiedliche Größen haben.[4] Durch das Zusammenwirken der Baukastenelemente erhält die Gesamtfunktion des Produktsystems ihren Charakter[5]; die Größe und der Inhalt des zugrunde liegenden Baukastens bestimmt die realisierbare Anzahl an Produktsystemen.

Die flexible Produktsystemgestaltung mit Baukastensystemen wird erreicht durch den konsequenten Einsatz der Baukastenbauweise. Unter Baukastenbauweise versteht Biegert das gestalterische Vorgehen, „... eine möglichst große Zahl von zusammengesetzten Erzeugnissen aus einer möglichst geringen Varianz von Einzelteilen oder Baugruppen zusammenzubauen, um einmal über eine Vielzahl der Kombinationsformen die akquisitorischen Vorzüge eines breiten Erzeugnisprogramms zu nutzen und zum anderen über die Vereinheitlichung auf der Teileebene die Voraussetzung zu einer Rationalisierung in verschiedenen betrieblichen Bereichen zu schaffen."[6]

---

1 Vgl. Liesegang, D. G. (1992), S. 98.
2 Vgl. Drexel, P. (1982), S. 381.
3 Vgl. Ropohl, G. (1984), Sp. 296 und Ehrlenspiel, K. (1995), S. 626.
4 Vgl. Ehrlenspiel, K. (1995), S. 626.
5 Nach dem Motto „Das Ganze ist mehr als die Summe seiner Teile", vgl. Abschnitt 2.2.
6 Biegert, H. (1971), S. 10.

Das Potential der Baukastensysteme beruht somit auf der Gestaltung von vielfältigen Produktsystemen, basierend auf wenigen vereinheitlichten Bausteinen. Die Realisierung von Baukastensystemen in der Praxis ist auf unterschiedliche Art und Weise möglich, wie in der folgenden Graphik dargestellt ist.

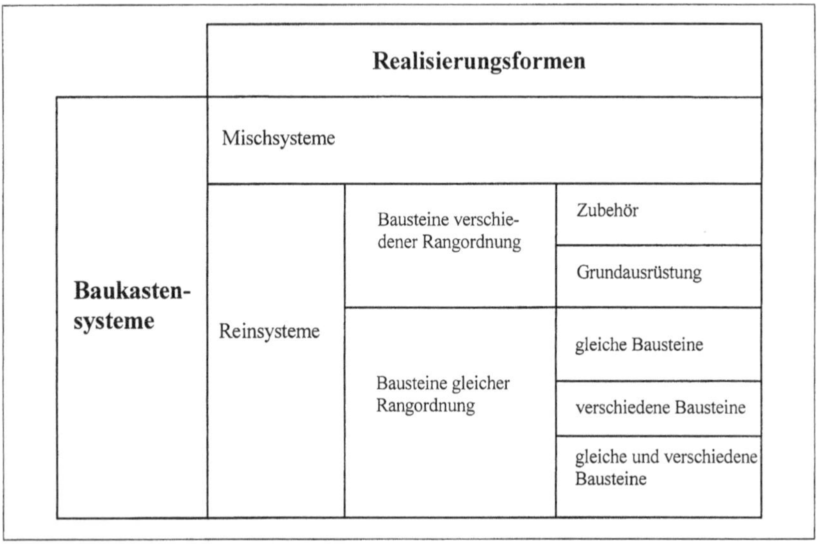

Abbildung 4.1: Baukastensysteme[7]

Auf verschiedene Baukastensystematiken wird neben Biegert, Borowski und von Papen auch bei Koller (1994) und Pahl/Beitz (1997) eingegangen. Im folgenden soll der Begriff des Bausteins und die Bedeutung der Schnittstellen erläutert werden.

4.1.1. Bausteine als Gestaltungselemente

Ein Baukasten besteht aus einer Menge von Baukastenelementen, die sowohl Einzelteile als auch Baugruppen sein können. Ein komplexes Produkt beinhaltet mehrere Bauelemente unterschiedlichen Charakters. Ein Unterscheidungskriterium ist der Grad der Komplexität der einzelnen Bauelemente[8], der angibt, ob diese in weitere Bauelemente zerlegbar sind oder nicht. In der Konstruktionslehre wird ein nicht weiter zerlegbares Bauelement als Bauteil oder Einzelteil, wie z.B. ein Nagel oder eine Schraube, bezeichnet. Unter einer Baugruppe wird

7 In Anlehnung an Hoitsch, H.-J. (1993), S. 69.
8 Vgl. Pahl, G./Beitz, W. (1997), S. 36 f.

eine aus mehreren Bauteilen zusammengesetzte Baueinheit verstanden.[9] Gehören Baugruppen oder Bauteile als Subsysteme eines Produktsystems zu einem Baukasten und finden sie alternativ in mehr als einem Produktsystem Anwendung, so bilden sie die Bausteine des Baukastens.[10]
Die Ausgestaltung von Bausteinen kann unter funktions- und fertigungsorientierten Gesichtspunkten erfolgen, so daß zwischen Funktions- und Fertigungsbausteinen unterschieden werden kann.[11] Bei Fertigungsbausteinen werden die Bausteine unabhängig von ihrer Funktion gebildet. Diese Art der Bausteinfestlegung eignet sich besonders bei einer geringen Zahl von Gesamtfunktionsvarianten. Funktionsbausteine hingegen erfüllen jeweils Teilfunktionen des Gesamtsystems und können nach immer wiederkehrenden Funktionsarten geordnet werden. Je nachdem, welche Funktionen die Bausteine erfüllen, lassen sich Grund-, Hilfs-, Sonder- und Anpaßbausteine realisieren. Dabei ist die Umsetzung einer oder mehrerer Funktionen in einem Baustein denkbar. Je nach Bedeutung des Bausteins kann bei funktionsorientierten Bausteinen zwischen Muß- und Kannbausteinen unterschieden werden. Diese Art der Bausteinbildung bietet sich unter dem Aspekt des mehrfachen Einsatzes von Bausteinen vor allem bei einem großen Spektrum an unterschiedliche Gesamtfunktionen erfüllenden Produktsystemen an. Deshalb soll die Bausteinbildung unter fertigungsorientierten Aspekten vernachlässigt werden.

Unter einem Baustein soll im folgenden ein Subsystem eines komplexen Produktsystems verstanden werden, der als abgeschlossene und wiederverwendbare Einheit eine oder mehrere Funktionen realisieren kann.

Auch Nicht-Bausteine können Gestaltungselemente eines Baukastens sein. Sie ergeben sich in Einzelkonstruktionen zur Verwirklichung von auftragsspezifischen Funktionen.[12] Die Bedeutung der Unterscheidung in Bausteine und Nicht-Bausteine wird deutlich, wenn es beispielsweise bei der Baukastenentwicklung darum geht, aus wirtschaftlichen und technischen Gründen möglichst viele Baugruppen als Bausteine zu gestalten, um deren Wiederholcharakter zu unterstützen, und die Anzahl der Nicht-Bausteine, die oft in unwirtschaftlicher Einzelfertigung hergestellt werden müssen, zu verringern.

9 Vgl. Koller, R. (1994), S. 25.
10 Vgl. Koller, R. (1994), S. 278.
11 Vgl. Pahl, G./Beitz, W. (1997), S. 607 ff.
12 Vgl. Pahl, G./Beitz, W. (1997), S. 609. In Kombination mit Bausteinen ergeben sich dann Mischsysteme, vgl. Abbildung 4.1.

4.1.2. Die Rolle der Schnittstellen im Baukastensystem

In Verbindung mit den Bausteinen als Elemente des Baukastens spielen die technischen Schnittstellen im Rahmen der Produktschnittstellen eine zentrale Rolle. Im Baukastensystem kommen solche Schnittstellen überall dort vor, wo Verkettungs- oder Nahtstellen notwendig sind, um Bausteine zu einem funktionsfähigen Sub- bzw. Produktsystem zusammenzufügen. Die Schnittstellen der Bausteine sind entsprechend der ihnen zukommenden Aufgaben genau zu definieren.[13]

Zum einen haben technische Schnittstellen als Fügestellen[14] die Aufgabe der Verbindung; sie sind somit für den Zusammenhalt der Baukastenelemente verantwortlich. Darüber hinaus gewährleisten Schnittstellen als Fügestellen das An- und Ineinanderpassen von Bausteinen oder Produktsystemkomponenten und damit auch deren Integrationsfähigkeit[15] und garantieren somit die Paßform - wie etwa zwischen einer Schraube und einer Mutter. Mit der Festlegung der Verbindungstechnik kann das Produktsystem mit der jeweils erforderlichen Stabilität versehen werden. Von großer Bedeutung ist dabei die geometrische Ausgestaltung der Schnittstellen. Das lose Berühren von Schnittflächen[16] verleiht einem Produktsystem kaum Stabilität. Werden hingegen Verbindungselemente wie beispielsweise Flanschen, Stecker und Kupplungen eingesetzt, kann die jeweils für das Funktionieren des Produktsystems erforderliche Stabilität realisiert werden.

Neben der Aufgabe der Verbindung dienen technische Schnittstellen auch als Übertragungsstellen, über die die Bausteine interagieren können, wodurch der Austausch von Informationen, Daten oder Impulsen stattfinden kann. Mögliche Interaktionen sind Temperaturausstrahlung, Schwingungsverhalten, Kraft- und Moment- sowie Signalübertragung.[17]

Die Ausgestaltung der technischen Schnittstellen bestimmt somit zum einen die Stabilität und zum anderen das Verhalten bzw. Funktionieren des Produktsystems.

---

13 Vgl. von Papen, S. (1977), S. 17.

14 Vgl. Abschnitt 2.3.4.

15 Die Eigenschaft von Produktsystemkomponenten „gut zueinander zu passen" wird als Integrationsfähigkeit bezeichnet. Vgl. Engelhardt, W. H./Günter, B. (1981), S. 122.

16 Die Seitenflächen eines Ziegelsteins beispielsweise stellen Schnittflächen dar, sie bilden die Schnittstellen zu benachbarten Steinen.

17 Vgl. Liesegang, D. G. (1992), S. 98.

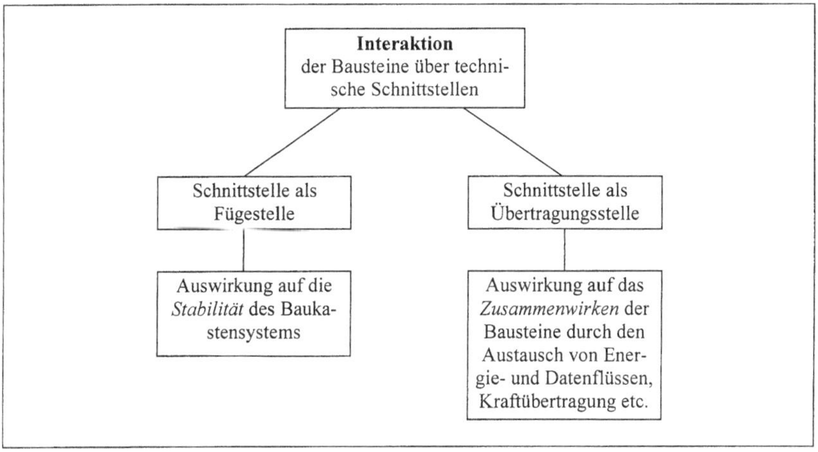

Abbildung 4.2: Aufgaben technischer Schnittstellen

Für eine hohe Ergiebigkeit des Baukastensystems, die an der mit dem Baukasten realisierbaren Palette an Produktsystemen gemessen werden kann, ist es erforderlich, daß die Bausteine über das Festlegen geeigneter Schnittstellen zu einer großen Anzahl von Produktsystemen kombinierbar sind. Ohne eine sachgerechte Gestaltung von Schnittstellen ist eine Kopplung und ein effizientes Zusammenwirken der Bausteine im Baukastensystem nicht möglich. Eine hohe Ergiebigkeit wird über eine anwendungsneutrale Auslegung der Schnittstelle erreicht.[18] Vor allem eine standardisierte Ausgestaltung der Schnittstelle ermöglicht die vollständige Kombinierbarkeit der Bausteine untereinander und erlaubt dadurch die Realisation von vielen verschiedenen Produktsystemen.

4.1.3. Exkurs: Baukastensysteme im Spielzeugbereich

In diesem Exkurs soll ein kurzer Überblick über die Entwicklung von Spielzeugbaukästen und die Bedeutung der Schnittstellengestaltung von den Anfängen bis in die Gegenwart gegeben werden.
Eine der ersten Spielzeuge mit Baukastencharakter waren die um 1793 vom Pädagogischen Magazin des Nürnberger Versandhändlers Bestelmeier angebotenen Gebäude aus Holz, die - mit Leimfarbe bemalt und zerlegbar - systematisch aufgebaut, wieder auseinandergenommen und neugestaltet werden konnten auf der Basis mehrerer unterschiedlicher Einzelelemente.[19]

18 Vgl. hierzu Eversheim, W. (1990), S. 187. Zu weiteren Gestaltungsmöglichkeiten von Schnittstellen vgl. Abschnitt 5.2.2.

19 Vgl. Henze, A. (1995), S. 35.

Friedrich Fröbel (1782 - 1852, Pädagoge und Gründer des Kindergartens) griff diese Idee auf und beschäftigte sich mit Spiel- und Beschäftigungsaufgaben, in deren Mittelpunkt die von ihm entwickelten Baukästen standen.[20] Durch das Spiel mit aus naturbelassenem Holz bestehenden Körpern wie Kugel, Walze und Würfel sollte der Anwender sehen, „... wie sich Einzelnes zum Ganzen fügt und das Ganze selbst wieder zerlegbar ist. Dazu wurden die Bauelemente in einem Kasten angeordnet. Damit war der Baukasten, mit dem ..." (der Benutzer) „... die Vielheit in der Einheit erkennt, geboren."[21] Die Elemente der Holzbaukästen waren zum Legen, Schichten und Zusammenbauen geeignet, ein fester Zusammenhalt konnte jedoch nicht erzielt werden.
Der Baukasten hatte sich als Spielzeug noch kaum durchgesetzt, als der Architekt Gustav Lilienthal (1849-1933, Bruder des Flugpioniers Otto Lilienthal) einen weiterentwickelten Baukasten zu entwerfen begann, der zum einen den realitätsgerechten Nachbau der damaligen Architekturbauweise erlaubte und zum anderen aus einem neuen, steinähnlichen Material bestand.[22]
Aufgrund geschäftlicher Schwierigkeiten mußte er jedoch 1880 seine Erfindung Friedrich Adolf Richter überlassen.[23] In der Spielzeugwelt der wilhelminischen Zeit beherrschte darum vor allem ein Spielzeug den Markt: der „Anker"-Steinbaukasten der Firma Friedrich Adolf Richter und Cie, wobei kaum bekannt ist, daß Gustav Lilienthal der eigentliche Erfinder dieses berühmten Steinbaukastens war. Charakteristisch für den Fröbel-Baukasten und den Anker-Steinbaukasten sind die einfachen Schnittstellen, die die Schnittflächen der Bauklötze darstellten und die das Auf- und Aneinanderschichten der Bausteine möglich machten. Der Baukasten bestand aus einer begrenzten Anzahl an Bausteinen, und die Stabilität der damit zusammensetzbaren Modelle war wenig zufriedenstellend.
Einige Jahre später gelang Lilienthal eine entscheidende Weiterentwicklung. Im Jahre 1886 konstruierte er einen Modellbaukasten aus Holz, der leicht zusammenfügbar und zerlegbar sein und dem Bau von variationsreichen Modell- und Spielzeugbauten nach Vorlagen dienen sollte.[24] Als Material verwendete er unterschiedlich lange, in gleichmäßigen Abständen gelochte Lattenstäbe und Pappstücke verschiedener Größe, die mit Bindfäden und Nägeln verbunden wurden. Das neue bei diesem Baukasten war einmal der Materialmix, der Einsatz von Elementen aus Holz und Pappe. Die zweite, bedeutendere Neuerung war die Verwendung von Verbindungselementen, die zunächst aus etwas unhandlichem Bindfaden und Nagel bestanden. In der Patentschrift von 1888 erfolgte dann die Festlegung der Verbindungselemente auf Splintnadeln und

---

20 Vgl. Noschka, A. (1989), S. 61.
21 Noschka, A./Knerr, G. (1986), S. 16 zitiert bei Henze, A. (1995), S. 36.
22 Vgl. Noschka, A. (1989), S. 62.
23 Vgl. Noschka, A. (1989), S. 61 f.
24 Vgl. Noschka, A. (1989), S. 80.

Keilbrettchen.[25] Im Vergleich zu den bis dahin existierenden Baukästen wurde die Struktur der mit diesem Baukasten zusammenfügbaren Modelle deutlich komplexer und realitätsnaher, außerdem konnte durch das Einführen einer Verbindungstechnik die Stabilität der Modelle entscheidend verbessert werden. Den richtigen Durchbruch mit Konstruktionsbaukästen erzielte jedoch erst Frank Hornby (1863-1936), da er durch das Verwenden drehender Teile, Wellen, Räder und einer Schraubtechnik den Modellen nun Beweglichkeit verlieh.[26] Die Idee dabei war: „Mit Hilfe eines Systems gelochter Grundelemente gleicher Bohrungen und gleicher Abstände, die durch Schrauben und Muttern variabel miteinander verbunden werden konnten, mußte es möglich sein, technische Konstruktionen und Funktionen realistisch nachzuvollziehen."[27] Dieses Baukastensystem wurde 1901 als „Mechanics Made Easy" patentiert und erhielt 1907 den Handelsnamen „Meccano".[28] Mit dem neuen Material Metall und der Schraubverbindungstechnik konnten noch wirklichkeitsgetreuere Modelle gebaut werden, so daß schließlich nach 1919 Holzbauspiele und der Anker-Steinbaukasten an Attraktivität verloren, während das Bauen mit Metall immer populärer wurde und zu Beginn der dreißiger Jahre seinen Höhepunkt erlebte.[29] Anhand von zwei kleinen Beispielen soll deutlich gemacht werden, welche Bedeutung der Schnittstellengestaltung und somit der Art der Verbindungstechnik bei der Realisierung von Vielfalt zukommt. Das erste Beispiel betrifft den Fleischmann-Kasten, bestehend aus einem zusammensteckbaren Röhrensystem mit biegefähigen Gummistreifen als Verbindungselemente, die zu allen möglichen Formen zurechtgebogen werden konnten. Mit diesem Metallbaukasten ließ sich aus 29 Einzelelementen eine Vielfalt von 168 Modellen herstellen.[30] Als zweites Beispiel ist das diagonale Drei-Loch-System von Trix zu nennen, mit dem zahlreiche Kombinationen möglich waren und dessen Schräg- und Mehrfachverschraubungen die Konstruktionen äußerst stabil machten.[31]
In den fünfziger Jahren begann sich nach Holz-, Stein- und Metallbaukästen eine Weiterentwicklung im Hinblick auf das Baukastenmaterial zu vollziehen. Baukästen aus dem neuen Material Kunststoff eroberten den Markt. In diesem Zusammenhang ist der 1958 patentierte Kunststoffbaukasten „Lego" mit seiner Steckverbindungstechnik erwähnenswert.[32]
Auf der Grundlage paßgenauer Kunststoffteile setzte der vom schwäbischen Erfinder Artur Fischer entwickelte „fischertechnik"-Baukasten neue Maßstäbe. Seine Modelle machen den Benutzer fähig, „... Kenntnisse und Wissen zu er-

25 Vgl. Reichhard, H. J. (1989), S. 24.
26 Vgl. Nobbe, M. M. (1996), S. 38.
27 Schwarz, H. (1995), S. 21.
28 Vgl. Schwarz, H. (1995), S. 22.
29 Vgl. Schwarz, H. (1995), S. 25.
30 Vgl. Henze, A. (1995), S. 64.
31 Vgl. Henze, A. (1995), S. 67.
32 Vgl. Schwarz, H. (1995), S. 32.

werben für Anlagen und Prozesse, die erst später realisiert werden - eine völlig neue Perspektive ...“[33]. Über das Bauen nach Vorlagen hinaus soll eine Kreativitätskomponente Weiterentwicklungspotentiale beim Anwender aufdecken.
Auf diese Weise gelang dem Spielzeugbaukasten[34] der Eintritt in die Arbeitswelt. Bis heute konnte er sich in den unterschiedlichsten Formen - auch im Zeitalter des Computers - behaupten. Aufgrund der Integration von Innovationen - z.B. Antrieb der Modelle durch Solarmotor - bleibt er auch in Zukunft nicht nur als Spielzeug attraktiv.

4.2. Modulare Produktsysteme als Systemlösung

Das *Legoprinzip* der Spielzeugkästen steht Pate für modulare Produktsysteme, denn sie bilden das Ergebnis der Kombination von Elementen, die einem modularen Baukasten angehören. Bevor auf die verschiedenen Arten von modularen Produktsystemen eingegangen wird, soll zunächst der Begriff des Moduls geklärt werden.

4.2.1. Module als Gestaltungselemente

Modulare Produktsysteme werden aus Baueinheiten, den sogenannten Modulen[35], zusammengesetzt. In der Literatur existiert keine einheitliche Definition des Begriffs Modul. Um dennoch gemeinsame Merkmale von Modulen zu finden, wurden einige ausgewählte Definitionen aus unterschiedlichen Bereichen zusammengetragen.
Aus den in der folgenden Tabelle aufgeführten unterschiedlichen Definitionen läßt sich ableiten, daß Module mit besonderen Eigenschaften gekennzeichnete Baugruppen bzw. Bausteine sind.

33 Noschka, A./Knerr, G. (1986), S. 122 zitiert bei Henze, A. (1995), S. 93.

34 Im Rahmen dieses Exkurses konnte nur auf eine kleine Auswahl an Spielzeugbaukästenherstellern eingegangen werden. Eine Zusammenstellung aller Spielzeugbaukastensysteme und ihrer Hersteller findet sich bei Schwarz, H./Henze, A./Faber, M. (1995), S. 177-186.

35 Vom lateinischen modulus „Maß“, „Maßstab“.

Autor	Definition
Schuh, G. (1988), S. 59	„Module sind Anbauteile, die mit unterschiedlichen Funktionen, aber einheitlichen Schnittstellen eine vielfältige Kombinierbarkeit der Komponenten ermöglichen."
Eversheim, W./Schuh, G./ Caesar, C. (1989), S. 45	„Module sind vormontierbare Baugruppen, die mit unterschiedlicher Funktion, aber einheitlichen Schnittstellen und der dadurch vielfältigen Kombinierbarkeit ein breites Variantenspektrum zulassen."
Suhr, R./Suhr, R. (1993), S. 71	Mit Modulen wird ein bestimmter Gestaltungszweck verfolgt. „Insbesondere geht es darum, Bausteine zu definieren, die arbeitsteilig entwickelt, getestet und gewartet werden können, nach Umfang und Komplexität verständlich sind und insoweit abgeschlossen sind, daß ein Modul nicht zuviele Systemfunktionen auf sich vereinigt ... und daß eine Systemfunktion sich nicht auf zu viele Module stützt ...".
Koller, R. (1994), S. 278	Module sind alternativ anwendbare Baugruppen, die „... gleiche Schnittstellen besitzen und an verschiedenen Stellen (Orten) des Systems angebracht (getauscht) werden können ...".
Wolters, H. (1996), S. B7	„Unter einem Modul ... ist die lokale Zusammenfassung von Funktionskomponenten zu verstehen, die nicht der gleichen Aufgabe dienen müssen."
Arnold, U. (1997a), S. 730	Module sind „fremdbezogene Erzeugnisse, die während des Produktionsprozesses ohne wesentliche Be- bzw. Verarbeitungsgänge in die Endprodukte eines beschaffenden Unternehmens eingehen bzw. zu solchen verbaut werden."

Tabelle 4.1: Ausgewählte Definitionen zum Begriff Modul

Module sind bereits konstruierte und produzierte Bausteine. Sie stellen die durch Modularisierung festgelegten, komplexitätsreduzierten Subsysteme eines

Produktsystems dar und realisieren eine oder mehrere Teilfunktionen.[36] Die Elemente eines Moduls sind räumlich zusammengefaßt, so daß das Modul eine in sich abgeschlossene Einheit bildet. Ziel der Gestaltung von Bausteinen als Module ist, mit Hilfe der Festlegung geeigneter Schnittstellen, deren Geometrie es zu vereinheitlichen gilt, eine durchgehende Kombinierbarkeit der Baukastenelemente zu erreichen.[37] Diese durchgehende Kombinierbarkeit zeigt sich in der vollständigen Kompatibilität der Module untereinander. Dadurch sind Modulkombinationen frei gestaltbar in bezug auf Anordnung und Folge der Module[38], sofern dies technisch möglich und sinnvoll ist. Das Charakteristikum der einheitlichen Schnittstellengestaltung von Modulen ist Voraussetzung für eine einfache Montage, wirkt sich aber auch auf die Erweiterung und Austauschbarkeit positiv aus, wenn beispielsweise die Weiterentwicklung eines Moduls eingefügt, eine Funktionserweiterung stattfinden oder ein fehlerhaftes Modul substituiert werden soll.[39]

Zusammenfassend sollen Module als Baugruppen bzw. Bausteine aufgefaßt werden, die
- *einheitliche Schnittstellen besitzen,*
- *unterschiedliche Funktionen (eine oder mehrere) beinhalten,*
- *lokal zusammengefaßte, komplexitätsreduzierte Subsysteme darstellen und*
- *miteinander kombinierbar sind.*

4.2.2. Arten modularer Produktsysteme

Die Kombinationen von Modulen zu kompletten Systemen ergeben die modularen Produktsysteme. In der Praxis kann jedoch nicht generell von einer vollständigen Kombinierbarkeit der Module ausgegangen werden. In Abhängigkeit von der technischen Realisierbarkeit und der vom Produktsystem zu erfüllenden Gesamtfunktion ist es denkbar, daß nur ein oder auch mehrere Teilsysteme kombinierbar sind. Deshalb soll nun hinsichtlich der Kombinationsfähigkeit

---

36 Vgl. Schulz, A. (1993), S. 164 f. und insbesondere auch Schuh, G./Caesar, C. (1989), S. 210.

37 Vgl. Eversheim, W./Kettner, P./Kosmas, I. (1986), S. 112.

38 Vgl. Drexel, P. (1982), S. 378.

39 Vgl. Suhr, R./Suhr, R. (1993), S. 71.
Bisher wurden Module im Rahmen von Produktsystemen betrachtet. In Ergänzung hierzu lassen sich Module auch in Organisationssystemen feststellen. Bei einer Organisationsstruktur, die auf selbständigen, flexiblen und kundennahen Organisationseinheiten aufbaut, werden die einzelnen Organisationsbereiche als Module bezeichnet. Vgl. hierzu Waibel, A./Hänggi, R./Boutellier, R. (1996), S. 65 f.
In noch größerem Kontext finden sich Module in der *modularen Fabrik*, vgl. Wildemann, H. (1998a), und in einer *modularen Unternehmensführung*, vgl. Kramer, F./Kramer, M. (1994).

von Modulen in schwache und starke Kombinierbarkeit der Module differenziert werden.
Je nach Grad der Kombinierbarkeit können dann

- *schwach modulare* und
- *stark modulare*

Produktsysteme unterschieden werden, auf die jeweils im folgenden genauer eingegangen wird.

Eine charakteristische Eigenschaft von *schwach modularen Produktsystemen* ist, daß Module nur an bestimmten Stellen im System Verwendung finden, da sie einen vorgesehenen Platz in der Produktsystemstruktur haben.[40] Es kann sich bei solchen Modulen z.B. um Anbau- oder Zubehörteile handeln.
Beispiel hierfür ist eine Werkzeugmaschine oder auch eine Küchenmaschine, bei der über eine standardisierte Schnittstelle verschiedene Module (Saftpresse, Mixer, Getreidemühle usw.) an das Grundgerät angeschlossen werden können. Die einzelnen Funktionsmodule können je nach Bedarf aus einem Zubehörbaukasten entnommen werden.
Auch ein Türmodul oder Frontendmodul[41] kann als Teil eines schwach modularen Produktsystems bezeichnet werden, da es nur an der im Automobil vorgesehenen Stelle eingesetzt werden kann.

Im Gegensatz zu den schwach modularen Produktsystemen sind *stark modulare Produktsysteme* dadurch gekennzeichnet, daß die Module untereinander über einheitliche Schnittstellen frei kombinierbar sind, unabhängig davon, ob es sich um gleiche oder verschiedene Module handelt. Es besteht keine Strukturgebundenheit der Module im Produktsystem. Die Module sind generell und vielfältig einsetzbar. Je nach Ausstattung des Baukastens - entweder mit einheitlichen oder unterschiedlichen Modulen - lassen sich modulare Produktsysteme auf der Basis einheitlicher oder verschiedener Module realisieren. Prinzipiell sind hier die Variationsmöglichkeiten in bezug auf die Realisierung von Produktsystemvarianten größer als bei schwach modularen Produktsystemen.
Als Beispiel hierzu ist etwa der Schaltschrankbau zu nennen oder auch die Fördertechnik, bei der Module unterschiedlicher Funktionen zu den vielfältigsten Förderbändern kombiniert werden können.

In der nachfolgenden Graphik sind mögliche schwach und stark modulare Produktsysteme abgebildet.

40 Zur Strukturgebundenheit von Bausteinen vgl. Koller, R. (1994), S. 295. Koller bezeichnet allerdings Baukastensysteme mit strukturgebundenen Bausteinen als **nicht** modular.

41 Zum Frontendmodul vgl. Abschnitt 5.3.1.

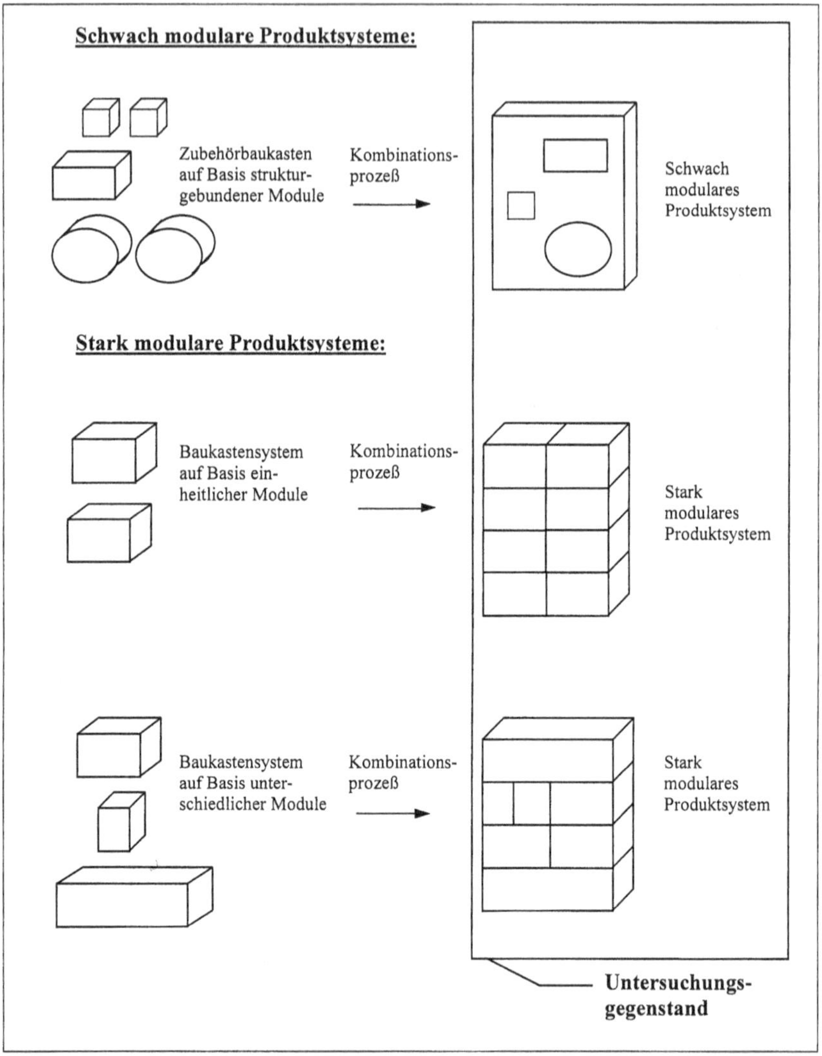

Abbildung 4.3: Schwach und stark modulare Produktsysteme

Der Aufbau von Produktsystemen durch Module läßt unmittelbar auf die Produktsystemeigenschaft Modularität schließen.

4.2.3. Modularität als Produktsystemeigenschaft

4.2.3.1. Analyse der Modularität

Als Modularität wird die Eigenschaft eines Produktsystems bezeichnet, die für die Zusammenstellbarkeit der Module zu einem Produktsystem verantwortlich ist. Sie drückt sich in Form der Modularbauweise aus.
Auf dem Baukastenprinzip beruhend besitzt Modularität[42] durch die Kompatibilität und Kombinierbarkeit der Module ein großes Kreativitätspotential. Durch Modulsynthese können die vielfältigsten Produktsysteme hergestellt werden. Sowohl das Hinzufügen von Modulen - es folgt daraus eine Erweiterung der Produktsystemstruktur - als auch das Entfernen von Modulen ist ohne das Tangieren nicht betroffener Produktsystemmodule möglich. Modularität ist für die Wandlungsfähigkeit von Produktsystemstrukturen verantwortlich und beruht auf den folgenden Eigenschaften modular aufgebauter Produktsysteme:

- Eigenschaft der **Synthese bzw. Kombinierbarkeit**
  Die vom Produktsystem zu erfüllende Gesamtfunktion ergibt sich aus der Kombination der dazu erforderlichen Module.
- Eigenschaft der **Mehrfachverwendbarkeit**
  Bewährte Module können in mehreren Produktsystemen eingesetzt werden, bei denen die vom Modul zu erbringende Teilfunktion benötigt wird.
- Eigenschaft der **Erweiterbarkeit**
  Zur Funktionserweiterung eines Produktsystems wird entweder das entsprechende Modul in die vorhandene Produktsystemarchitektur eingegliedert, oder ein Modul um Teilfunktionen ergänzt. Besonders unter dem Gesichtspunkt einer strategischen Produktgestaltung ist diese Eigenschaft von Bedeutung. Sie gewährleistet die Anpassungsfähigkeit des Produktsystems an zukünftige Entwicklungen.
- Eigenschaft der **Austauschbarkeit**
  Defekte Module können ausgetauscht werden, wodurch sich eine leichte Reparatur und Instandhaltung ergibt. Module, die dem technischen Fortschritt unterliegen, können durch neue Module ersetzt werden, ohne die restlichen Module zu beeinträchtigen.
- Eigenschaft der **Wiederverwendbarkeit**
  Ausgebaute Module können nach einer Qualitätsprüfung in andere Produktsysteme eingesetzt werden.

---

42 Eine mögliche Aufstellung von Modularitätsformen befindet sich bei Pine, B. J. II. (1994), S. 272-286. Er unterscheidet in Modularität durch Gemeinsamkeit von Bestandteilen, Modularität durch Austausch von Bestandteilen, Modularität durch passenden Zuschnitt, Misch-Modularität, Bus-Modularität und Teil-Modularität.

Aus diesen unterschiedlichen Eigenschaften resultiert das Flexibilitäts- und Anpassungspotential des Produktsystems, da durch die Modularität gewährleistet ist, daß die Produktsystemarchitektur sich an Veränderungen aus dem Produktsystemumfeld adaptieren kann. So ist das Produktsystem aufgrund einer wandelbaren Systemarchitektur beliebig erweiterbar sowie im Zeitablauf weiterentwickelbar, und zwar in rationeller Art und Weise, da nur die betroffenen Module ausgetauscht, weiterentwickelt, entfernt oder erweitert werden.

4.2.3.2. Die Wirkungsweise der Modularität

Mit Hilfe der Eigenschaft Modularität kann ein modulares Produktsystem auf Veränderungen der Einflußfaktoren[43] aus dem Produktsystemumfeld reagieren. Im folgenden soll gezeigt werden, wie ein modulares Produktsystem dem Spannungsfeld der einwirkenden Kräfte standhalten kann.

1. **Der Einflußfaktor der Wirtschaftlichkeit**
   Die Mehrfach-, Wieder- und Weiterverwendung von Modulen birgt Rationalisierungspotentiale in sich, da beispielsweise von den einzelnen Modulen größere Lose produzierbar sind. Bei modularen Produktsystemen ergeben sich die gleichen Wirtschaftlichkeitsvorteile, die auch bei standardisierten Produktsystemen ausgenutzt werden können.

2. **Der Einflußfaktor der Kundenwünsche**
   Die Eigenschaft der Modularität erlaubt die Kombination von einfachen, bewährten Modulen zu den unterschiedlichsten Produktsystemen. So kann die vom Markt geforderte Vielfalt angeboten werden. Die modulare Produktsystemstruktur ermöglicht auch die Integration von Funktionsmodulen, die auf individuelle Bedürfnisse zugeschnitten sind.

3. **Der Einflußfaktor der Gestaltung des Produktionsapparates**
   Modulare Produktsysteme veralten weniger schnell als Komplettlösungen. Aus diesem Grund muß der Produktionsapparat seltener neuen Produktionsprogrammen angepaßt werden, und er kann in großen Auflagen genutzt werden.

4. **Der Einflußfaktor des technischen Fortschritts**
   Basieren Produktsysteme auf einer modularen Struktur, so veraltet nicht bei einem neu definierten Stand der Technik das gesamte Produktsystem, sondern nur einzelne Module, die durch dem technischen Fortschritt entsprechende, neu entwickelte Module ersetzt werden.

---

43 Vgl. Abbildung 3.1.

5. Der Einflußfaktor der gesetzlichen Rahmenbedingungen
Wird ein Unternehmen mit neuen gesetzlichen Rahmenbedingungen konfrontiert - werden z.B. neue Sicherheitsstandards vorgegeben -, erfolgt eine entsprechende Anpassung bzw. Umwandlung nur in den betroffenen Modulen.

6. Der Einflußfaktor der kürzeren Produktlebenszyklen
Die Reaktion auf immer kürzere Produktlebenszyklen ist mit modularen Produktsystemen möglich, da ein Produktsystem nicht mehr komplett neu entwickelt und getestet werden muß, sondern es kann auf bereits bewährte Module zurückgegriffen werden, die um einzelne, neu entworfene Module erweiterbar sind. Auf der Basis modularer Produktsysteme können durch Modulaustausch oder durch -erweiterung bzw. -reduzierung schnell neue Produktsysteme auf dem Markt angeboten werden. Zeitliche Restriktionen ergeben sich ausschließlich bei der Konstruktion der neu einzusetzenden Module.

7. Der Einflußfaktor der Umweltverträglichkeit
Da Module funktionell so ausgelegt sind, daß sie in möglichst vielen Produktsystemen Anwendung finden, lohnt sich bei der Erstkonstruktion die Berücksichtigung der Umweltverträglichkeit sowohl beim Herstellungsprozeß als auch bei der Auswahl der Materialien. Eine entsprechende Schnittstellengestaltung erlaubt den Modulausbau sowie eine Wieder- und Weiterverwendung der qualitätsgeprüften Module in neuen Produktsystemen. Können Module nicht in ihrer Ganzheit wieder eingesetzt werden, so besteht die Möglichkeit, von eventuell funktionstüchtigen Modulkomponenten Gebrauch zu machen oder diese zu verwerten.[44]

8. Der Einflußfaktor des internationalen Wettbewerbs
Da modulare Produktsysteme den oben genannten Einflußfaktoren standhalten können, sind sie durchaus für den internationalen Wettbewerb geeignet. Länderspezifische Anforderungen, z.B. Ausstattungen von PKWs je nach Exportland, werden durch entsprechende Ausgestaltung der einzelnen Module erfüllt.

Es ist festzuhalten, daß Modularität eine Eigenschaft von modularen Produktsystemen ist, die eine Anpassungsfähigkeit des Produktsystems an neue Anforderungen aus dem Systemumfeld auf flexible Art und Weise gewährleistet und damit die Dynamik, die sich bei einer komplexen Produktsystemstruktur ergibt, auffangen kann.
In der nachfolgenden Abbildung sind die Wirkrichtungen der Modularität zusammenfassend dargestellt.

---

44 Vgl. Abschnitt 5.5.2.

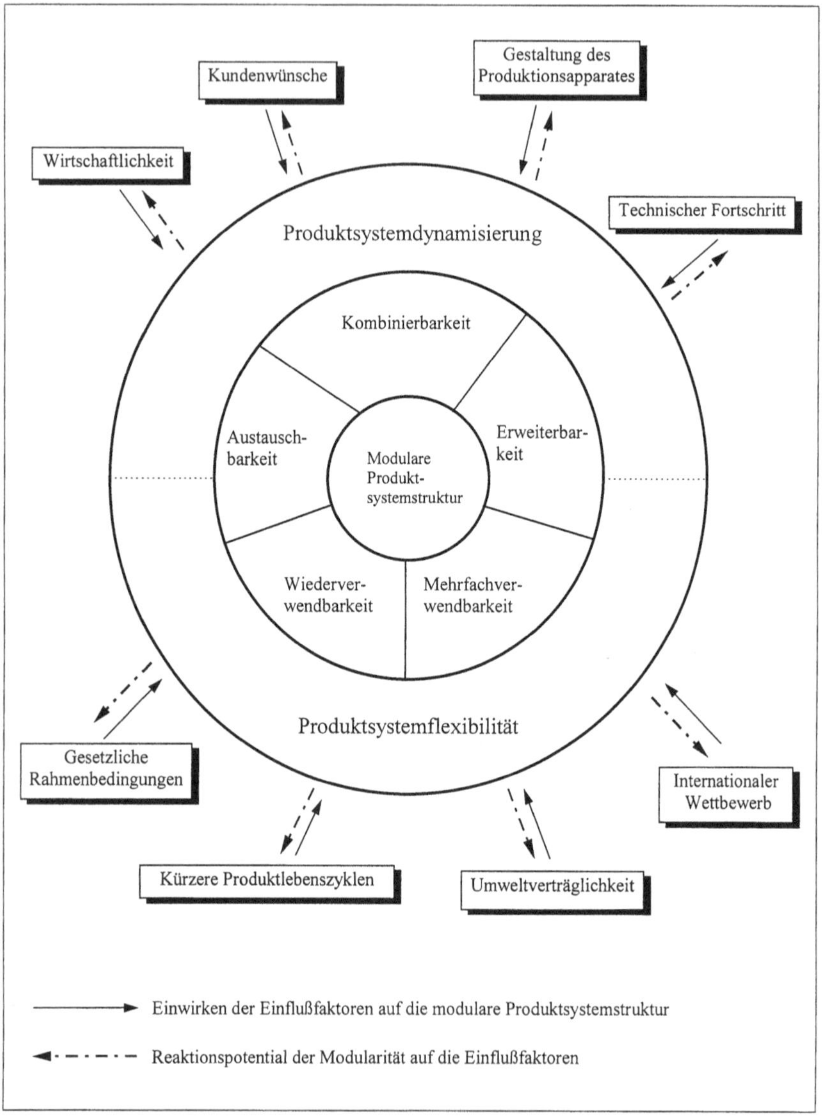

Abbildung 4.4: Die Wirkrichtungen der Modularität

4.2.3.3. Die Rolle der Modularität im Produktsystemfunktionsprofil

Der Konsument betrachtet ein Produktsystem als einen Gegenstand, „... der eine Vielzahl von Eigenschaften aufweist ...“[45], wobei nicht alle Konsumenten dieselben Eigenschaften als relevant ansehen. Die spezifischen Eigenschaften eines Produktsystems beziehen sich vor allem auf die Leistungsfähigkeit, Produktivität, Zuverlässigkeit, Einsatzfähigkeit, Art der Gestaltung und den Werkstoffeinsatz. Alle Eigenschaften zusammen ergeben die Beschaffenheit eines Produktsystems, tragen zur Bedürfnisbefriedigung bei, geben Aufschluß über die Produktqualität und beinhalten die Produktsystemfunktionen.[46]
Das Funktionsprofil eines Produktsystems ergibt sich aus den folgenden Dimensionen:[47]

a) Art und Anzahl der Funktionen
Die Art und Anzahl der Produktsystemfunktionen sind abhängig vom Komplexitätsgrad des betrachteten Produktsystems.

b) Flexibilität des Funktionsprofils
Der Grad der Flexibilität des Funktionsprofils gibt an, ob die Funktionen eines Produktsystems miteinander verkoppelt sind oder variabel kombiniert werden können, so daß die Produktsysteme je nach Anforderungen gestaltbar sind.

c) Qualität der Produktsystemfunktionen
Die einzelnen Produktsystemfunktionen können mit unterschiedlichen Ausprägungen belegt sein, die abhängig von der Breite des Profils sind. Ein schmales Funktionsprofil muß extremere Qualitätsanforderungen erfüllen als ein breites Funktionsprofil, das für ein größeres Marktsegment vorgesehen ist.

Die in Abschnitt 4.2.3.1. dargestellten Produktsystemeigenschaften, auf denen die Modularität basiert, machen deutlich, daß Modularität entscheidend am Funktionsprofil eines Produktsystems mitwirken kann.

Bezüglich der *Art und Anzahl der Produktsystemfunktionen* erlaubt Modularität die Abstimmung des Produktsystems auf die geäußerten Wünsche der Konsumenten. Darüber hinaus lassen sich durch Modularität neue bzw. alte Teilfunktionen in das Funktionsprofil integrieren bzw. daraus eliminieren.

Was die *Flexibilität des Funktionsprofils* betrifft, hat der Konsument bei modularen Systemen die Möglichkeit, sich eine auf ihn maßgeschneiderte Produktsystemlösung mit den damit verbundenen gewünschten Funktionen zusammen-

---

45 Kotler, P. (1989), S. 163.
46 Vgl. Sabisch, H. (1996), Sp. 1442.
47 In Anlehnung an Haedrich, G./Tomczak, T. (1996), S. 30 ff. und Hansen, U./Leitherer, E. (1984), S. 50 ff.

zustellen. Voraussetzung hierfür ist die funktionale Zerlegbarkeit und anschließende Komponierbarkeit des Produktsystems.

Die *Qualität der Produktsystemfunktionen* wird aufgrund der Modularität optimiert, da bereits perfektionierte, im Einsatz bewährte Module verwendet werden können.

Nach der Charakterisierung der Modularität als Eigenschaft modularer Produktsysteme werden nun ausgewählte Wirkungen einer modularen Produktsystemgestaltung aufgezeigt.

4.3. Ausgewählte Wirkungen der modularen Produktsystemgestaltung

4.3.1. Wechselfreie und maßgeschneiderte Massenproduktion

Eine Besonderheit modularer Produktsysteme liegt insbesondere darin, daß deren Produktionsprozeß mit Vielfaltswirkungen nicht belastet wird, denn bei ihnen dominieren die Vereinheitlichungswirkungen der Module, wodurch die Voraussetzungen für einen wirtschaftlichen Einsatz der Betriebsmittel und Produktionsverfahren geschaffen werden. Die modulare Produktsystemgestaltung reduziert die Vielfalt unterhalb der Gesamtproduktebene. Dadurch können Produktionsrationalisierungen auf Massenbasis ausgeschöpft werden, die sich auf Subsystem- bzw. Elementeebene abspielen, aufgrund dessen sich konsequenterweise höhere Auflagen in der Produktion ergeben. Aus der Produktion von vereinheitlichten Modulen resultiert eine intensivere und längere Nutzung der Produktionsanlagen, dadurch werden Umstellungsprozesse bzw. Wechsel vermieden.
Unter produktionswirtschaftlichem Aspekt ist es von Vorteil, entweder Module zu produzieren, die jeweils in verschiedenartigen Produktsystemen Verwendung finden, oder Module zu produzieren, die den gleichen Produktionsablauf oder einen Teil davon durchlaufen.[48] Auf diese Weise können mit nach dem Modularprinzip gestalteten Produktsystemen Produktionswechsel vermieden und Bedingungen einer nahezu wechselfreien[49] Massenproduktion geschaffen werden.[50]

Auf der einen Seite wirtschaftlich zu produzieren und auf der anderen Seite Produktsysteme anzubieten, welche eine individuelle Gestaltung ermöglichen,

48 Module gleichen Ablaufs beanspruchen für einen Produktionsabschnitt einen gemeinsam verwendbaren Vorbereitungsgrad, d.h. sie benötigen dieselben Produktionsmittel mit entsprechender Einrichtung. Vgl. Ellinger, T. (1985), S. 33 f.

49 Zur Thematik der Wechselproduktion vgl. Ellinger, T. (1985).

50 Vgl. Rathnow, P. J. (1993), S. 109 und S. 114 und Coenenberg, A. G./Prillmann, M. (1995), S. 1244.

scheint zunächst ein Widerspruch zu sein.[51] Eine Fertigungsmethode, die diesen Widerspruch lösen kann, ist die maßgeschneiderte Massenfertigung, die die Minimierung der Kosten bei maximaler individueller Kundenbezogenheit als Ziel verfolgt.[52] Im Unterschied zur Massenfertigung, wie sie bei Henry Ford zu finden war[53], ist die maßgeschneiderte Massenfertigung nicht mehr auf homogene Märkte konzentriert, vielmehr tritt „... Vielfalt und Kundenbezogenheit durch Flexibilität sowie rasche Reaktionsbereitschaft ...“[54] in den Mittelpunkt.[55] Produktsysteme sollen für den Kunden erschwinglich sein, und doch soll jeder genau das finden, was er möchte.[56]

Die modulare Produktsystemgestaltung wird diesen Anforderungen gerecht. Trotz massengefertigter modularer Bestandteile ist das Produktsystem an individuelle Spezifikationen anpaßbar, d. h. aufgrund der Systemeigenschaft Modularität ist jedes Produktsystem auf jeden oder von jedem Kunden „zuschneidbar“.
Individuelle Produkte, die wirtschaftlich produziert werden, sind auf der Basis modular gestalteter Produktsysteme kein Widerspruch.

4.3.2. Überdimensionierung der Module

Aus produktionswirtschaftlicher Sicht ist die funktions- und gestaltorientierte Vereinheitlichung von Baugruppen zu Modulen der wichtigste Aspekt bei der Bildung modularer Produktsysteme. Im Zuge der Vereinheitlichung sollen wenig unterschiedliche Module für gleiche Funktionen erzielt werden. Problematisch ist der Aspekt der Festlegung der Moduldimension. Einer einheitlichen Moduldimensionierung kann das am häufigsten verwendete Modul zugrundegelegt werden. Die übrigen Module sind in Größe und Funktionsanzahl anzupassen, so daß dort dann eine Überdimensionierung vorliegt.[57]
Bei einer solchen Festlegung der Module ist es möglich, daß ein Modul einige Funktionen enthält, die nicht unbedingt in jedem Produktsystem, in dem das Modul eingesetzt wird, gebraucht werden. Es kommt somit zu einer Übererfüllung von Funktionen.

---

51 Vgl. hierzu auch Stein, I. F. (1995), S. 124.

52 Vgl. Pine, B. J. II. (1994), S. 267 und Feitzinger, E./Lee, H. L. (1997), S.116.

53 Vgl. Abschnitt 3.3.4.1.

54 Pine, B. J. II. (1994), S. 78.

55 Das Beispiel der maßgeschneiderten Jeans von Levi's soll dies verdeutlichen: Ein mit den individuellen Maßen, Schnitt- und Farbwünschen eines Kunden gefütterter Computer erstellt ein elektronisches Schnittmuster, nach dessen Vorlage eine computergesteuerte Laserschere den gewünschten Stoff zuschneidet. Ein maschinenlesbarer Barcode enthält die Kunden- und Fertigungsangaben, auf dessen Grundlage die Hosen zusammengenäht, verpackt und verschickt werden. Vgl. Stein, I. F. (1995), S. 124.

56 Vgl. Pine, B. J. II. (1994), S. 267.

57 Zum Problem der Überdimensionierung bei Bausteinen vgl. Biegert, H. (1971), S. 87 ff.

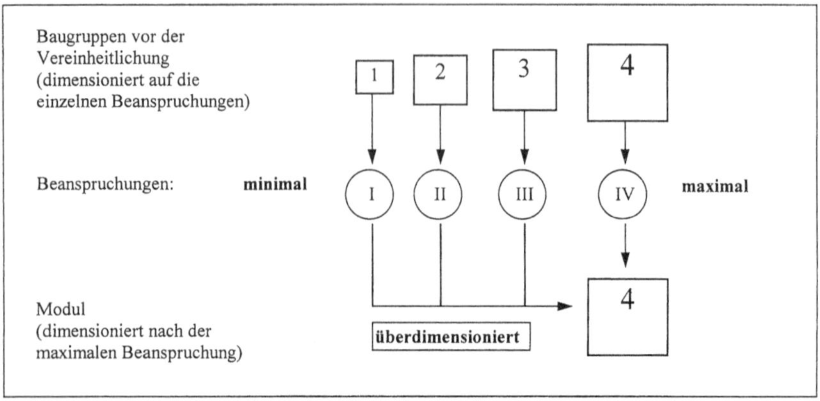

Abbildung 4.5: Überdimensionierung bei der Modulgestaltung[58]

Ein Beispiel soll die Überdimensionierung verdeutlichen. Die Schmitz-Anhänger Fahrzeugbau-Gesellschaft mbH (SAFB), Hersteller von Anhängern und Sattelaufliegern, bildete im Zuge einer Modularisierung der Produktstruktur „Premium-Standards", die „... die Verdichtung ausstattungsrelevanter Merkmale auf den höchsten Standard der bisherigen Angebotspalette ..."[59] darstellen. Bei SAFB wurde ein Premium-Standard auf Produktebene gebildet, der die für einige skandinavischen Länder vorgeschriebene Stirnwand- und Fahrgestellverstärkung enthält. Dieser wird nun in der gesamten Produktpalette eingesetzt. Bei einem Premium-Standard auf Baugruppenebene wurden 147 Stützwindenvarianten auf die beste Ausführung reduziert. Vereinfachungspotentiale ergaben sich in der Auftragsabwicklung, Disposition, Bereitstellung, Montage und Ersatzteilversorgung. Zusätzlich konnte der Einkaufspreis bei den Stützwinden deutlich gesenkt werden.[60]

Eine Überdimensionierung und Übererfüllung von Funktionen ist nur dann sinnvoll, wenn die Kosten dafür - es erhöhen sich die variablen Stückkosten z.B. durch höheren Materialverbrauch - über eine durch die Vereinheitlichung erzielbare größere Stückzahl und eine daraus folgende Fixkostendegression eingespart werden.[61]

Auf weitere Wirkungen einer modularen Produktsystemgestaltung in unterschiedlichen Funktionsbereichen des Unternehmens wird in Kapitel 5 eingegangen.

58 In Anlehnung an Biegert, H. (1971), S. 89.
59 Bliss, C. A. (1998), S. 157.
60 Vgl. Bliss, C. A. (1998), S. 157 f.
61 Vgl. hierzu auch Wildemann, H. (1998b), S. 58 und Ellinger, T. (1963), S. 489.

4.4. Modulare Dienstleistungen

In Ergänzung zu den bislang betrachteten materiellen Produktsystemen sollen nun immaterielle Produktsysteme und dabei insbesondere Dienstleistungen untersucht werden.
Zum einen können Dienstleistungen Absatzobjekte darstellen, deren Zusammensetzung von den Kundenbedürfnissen abhängig ist.[62] Verbinden sich zum anderen Dienstleistungen mit einem materiellen Produkt zu einem Leistungsbündel, handelt es sich um produktbegleitende Dienstleistungen.[63]
Ebenso wie materielle Produktsysteme können auch Dienstleistungen modular aufgebaut sein. Modular konzipierte Reiseangebote oder Serviceleistungen sind keine Seltenheit. So erlauben z.B. Pauschalreisen auch eine individuelle Urlaubsgestaltung. Der Reisende hat die Möglichkeit, aus einem reichhaltigen Angebot an Ausflugs- und kulturellen Veranstaltungspaketen nach Belieben Pakete auszuwählen und diese mit seiner Pauschalreise zu kombinieren.
Ein weiteres Beispiel sind Cash Management Systeme als Teilbereich des Electronic Banking, die eine besondere Ausprägung des nationalen und internationalen Zahlungsverkehrs im Firmenkundengeschäft der Banken darstellen. Da Kreditinstitute zunehmend bestrebt sind, statt Standardprodukten individuelle Lösungen anzubieten, bestehen die einzelnen Cash Management Produkte aus miteinander kombinierbaren Modulen. Dabei gibt es bestimmte Kernfunktionen, die bei allen angebotenen Cash Management Produkten zu finden sind. Cash Management Systeme beinhalten Informationsmodule, Transaktionsmodule, Treasury Management und Finanzmodule. Mit diesen Modulen lassen sich spezifische Kundenwünsche erfüllen.[64]
Die Basis modularer Dienstleistungen bilden Module, die analog zu den technischen Produktsystemen einheitliche Schnittstellen besitzen, eine oder mehrere Funktionen beinhalten, komplexitätsreduziert und miteinander kombinierbar sind.[65] Ebenso kann je nach Grad der Kombinierbarkeit der Dienstleistungsmodule eine schwache oder starke Modularität vorhanden sein. Die Eigenschaften der Kombinierbarkeit, Mehrfachverwendbarkeit, Erweiterbarkeit, Austauschbarkeit und Wiederverwendbarkeit sind ohne Probleme auf Dienstleistungen übertragbar. Im Unterschied zu den materiellen Produktsystemen sind Dienstleistungsmodule jedoch physisch nicht greifbar.
Wie bei den materiellen Produktsystemen kann auch bei modular aufgebauten Dienstleistungen der hohe Vorbereitungsgrad ausgenutzt werden. Standardisierte Module lassen sich zu individuellen Dienstleistungen zusammenstellen. Dabei vereinigen sich sowohl die Vorteile der Massenproduktion der Module als auch die Vorteile eines vielfältigen Dienstleistungsangebots.

---

62 Vgl. Engelhardt, W. H. (1996), Sp. 329.
63 Vgl. Engelhardt, W. H. (1996), Sp. 328.
64 Vgl. Leisten, R./Ligges, U. (1991), S. 139 ff.
65 Vgl. Abschnitt 4.2.1.

4.5. Die Verknüpfung von Vielfalts- und Vereinheitlichungsaspekten in modularen Produktsystemlösungen

In einer modular gestalteten Produktsystemlösung vereinigen sich sowohl die Vorteile der Produktsystemvereinheitlichung als auch die Vorteile der Produktsystemvielfalt.[66] Die Überwindung des Spannungsfelds zwischen Produktsystemvereinheitlichung und -vielfalt wird durch die Systemeigenschaft Modularität realisierbar.
Schlagwortartig formuliert erlauben modulare Produktsysteme die Integration von so viel Produktsystemvereinheitlichung wie möglich und von so viel Produktsystemvielfalt wie nötig.
Durch die Belegung der Module mit Funktionen ergeben sich für den Anbieter Rationalisierungspotentiale, da diese Funktionsmodule immer wieder verwendet und auf Vorrat in höheren Auflagen produziert werden können. Die Herstellung von modularen Produktsystemen läßt sich auftragsunabhängig gestalten, weil auf die im Baukasten vorrätigen Module zurückgegriffen werden kann.[67] Da die Basis von modularen Produktsystemen vereinheitlichte Module sind, ergeben sich bei der Herstellung die Rationalisierungseffekte der Standardisierung. Somit sind Erfahrungskurveneffekte und Skaleneffekte realisierbar. Aufgrund der Modularität basiert die Reaktionsfähigkeit des Produktsystems auf Nachfrageveränderungen, die beispielsweise wegen Modetrends oder neuer gesetzlicher Regelungen entstehen, von seiten der Anbieter auf Produktsystemteilvariationen und Produktsystemteilerweiterungen. Auf die vom Markt geforderte Vielfalt kann mit modularen Produktsystemen und somit auf Individualisierungstendenzen im Konsumverhalten auf wirtschaftliche Art und Weise eingegangen werden.
Aus Sicht des Nachfragers bietet ein modulares Produktsystem den Vorteil, daß mit entsprechender Zusammenstellung der Module spezifische Wünsche erfüllbar sind. Durch das Anwenden des Baukastenprinzips auf die Module ergeben sich die vielfältigsten Kombinationsmöglichkeiten, und so können auch individuelle Kundenwünsche befriedigt werden, jedoch mit dem Vorteil der Wirtschaftlichkeit, der sich in einem niedrigeren Produktpreis ausdrücken kann. Auf der Basis von einheitlich gestalteten Komponenten sind maßgeschneiderte Lösungen gemäß den Wünschen der Kunden denkbar. Dabei ist auch der vorläufige Kauf eines Grundsystems möglich, das je nach finanziellen Möglichkeiten um Zusatzmodule erweiterbar ist. Der Nachfrager und Anwender von modularen Produktsystemen kann sich die Ausbaufähigkeit des Systems zunutze machen und kompatibles Zubehör integrieren. Darüber hinaus kann er mit einem stets gleiche Qualität gewährleistenden Kundendienst für Ersatzteile von seiten des Anbieters rechnen.

---

66 Die Vor- und Nachteile der Produktsystemvereinheitlichung und -individualisierung aus der Perspektive des Nachfragers und Anbieters wurden in Abschnitt 3.4. aufgezeigt.

67 Vgl. Mayer, Ra. (1993), S. 153.

Zusammenfassend läßt sich feststellen, daß modulare Produktsysteme sowohl dem Anbieter als auch dem Nachfrager die Möglichkeit bieten, sich jeweils die Vorteile der Produktsystemvereinheitlichung als auch die der Produktsystemvielfalt zu nutze zu machen.

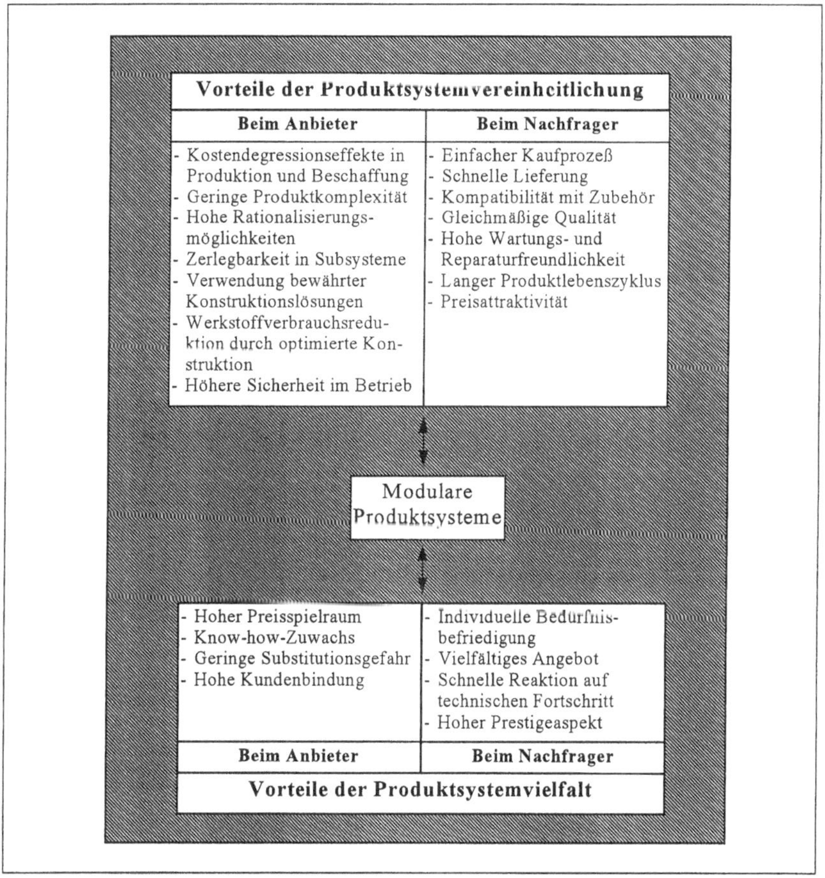

Abbildung 4.6: Vereinigung der Vorteile der Produktsystemvereinheitlichung und -vielfalt bei modularen Produktsystemen

Im folgenden Kapitel werden die charakteristischen Funktionen modularer Produktsysteme an den einzelnen Stationen ihres Produktlebens aufgezeigt.

5. Modulare Produktsysteme in den Phasen des Produktlebenszyklus

In Abgrenzung zum Produktlebenszyklus als Marktzyklus[1] soll im Rahmen dieses Kapitels eine *biographische Analyse* von modularen Produktsystemen, die auf einem Baukastensystem basieren sollen, stattfinden; dabei werden die einzelnen Phasen bzw. Stationen untersucht, die während der Lebensdauer eines modularen Produktsystems als relevant erachtet werden.[2] Zu Beginn steht die Planung modularer Produktsysteme im Mittelpunkt der Betrachtung, der sich die Konzeption und die Herstellung anschließen sollen. Als weitere Stationen eines Produktlebens gilt es den Gebrauch und die Entsorgung modularer Produktsysteme zu untersuchen. Über die Darstellung des Produktlebens eines einzelnen Produktsystems hinaus wird schließlich die Bedeutung der Modularität bei mehrfachen Zyklen und Weiterentwicklungen im Rahmen von Produktfamilien und Produktgenerationen aufgezeigt.
Im folgenden wird angenommen, daß die aus der von einem Unternehmen am Markt angebotenen Produktvielfalt resultierende Komplexität der einzelnen Produktsysteme und des Produktprogramms mit Hilfe der Systemmodularisierung reduzierbar ist. Unter Berücksichtigung einer bewußten Komplexitätsgestaltung soll die Produktvielfalt kontrolliert über die Kombination von komplexitätsreduzierten Subsystemen entstehen. Zunächst wird nun die erste Station eines modularen Produktsystems entfaltet, indem dargestellt wird, welche spezifischen Besonderheiten die Planung modularer Produktsysteme aufweisen kann.

5.1. Planung modularer Produktsysteme

Die Produktplanung dient im allgemeinen zur Klärung der Aufgabenstellung unter Berücksichtigung der Situation des Unternehmens und des Umfelds.[3] Im Unternehmen selbst wirkt sich die Produktplanung auf die unterschiedlichen Funktionsbereiche aus. Der Produktionsbereich muß sich beispielweise mit der Frage befassen, welche und wieviele Kapazitäten für die Erstellung des modularen Produktsystems bereitgestellt werden müssen. Ebenso ist die Fertigungstiefe mit der Entscheidung, was selbst produziert und was beschafft werden soll,

---

1 Zu auf den Marktzyklus ausgerichteten Produktlebenszyklusmodellen und ihre Erweiterungsformen vgl. Zehbold, C. (1996), S. 16 ff. und die dort angegebene Literatur.
Zum Konzept des Produktlebenszyklus vgl. Pfeiffer, W./Bischof, P. (1981), S. 133 ff. und Potucek, V. (1984), S. 83 ff.

2 Die aufgezeigten Phasen können sich zwar überschneiden, der Übersichtlichkeit halber werden sie jedoch unabhängig voneinander untersucht.

3 Produktplanung wird hauptsächlich in der Konsumgüterindustrie betrieben. In der Investitionsgüterindustrie geschieht die Klärung der Aufgabenstellung durch Kundenaufträge. Vgl. Koller, R. (1994), S. 5.

festzulegen. Das Controlling hat die Kosten für die Produktsystemteile und für das komplette Produktsystem zu ermitteln. Nicht zuletzt sind im Vertrieb die Marketingstrategien auszuarbeiten, um nur ein paar mögliche Auswirkungen anzusprechen.
Außerhalb des Unternehmens gilt es, die Bedürfnisse der Märkte und der entsprechenden Kunden zu analysieren, denn eine Produktplanung ohne Marktbezug wird wenig erfolgreich sein. Ein modulares Produktsystem kann nur dann am Markt bestehen, wenn es aufgrund seiner Produktsystemeigenschaften die Bedürfnisse der potentiellen Kunden befriedigt.[4] Darüber hinaus ist von Bedeutung, das modulare Produktsystem auf lange Sicht so zu planen, daß auch zukünftige Entwicklungen beachtet bzw. antizipiert und in die modulare Produktstruktur integriert werden können.

Bevor mit der eigentlichen Konzeption des modularen Baukastensystems begonnen werden kann, muß im Rahmen einer Produktsystemplanung der Umfang des zu planenden Baukastensystems und der damit anzusprechende Kundenkreis ausgewählt und festgelegt werden.

5.1.1. Abgrenzung des Produktsystemumfangs

Für eine strukturierte Entwicklung ist es notwendig, die Produktsystemvielfalt, die mit dem Baukastensystem realisiert werden soll, dem Umfang nach abzugrenzen, denn „Was" schließlich angeboten wird, ist abhängig davon, für „Wen" produziert wird.
Zunächst ist zu klären, welche Kunden in welchen Märkten mit dem geplanten Baukastensystem angesprochen werden sollen. Hilfreich ist hierfür die Schaffung einer transparenten Kundenstruktur unter Anwendung der ABC-Analyse[5] auf das Kundenpotential. Das Unternehmen gewinnt einen Überblick über die A-Kunden bzw. Kernkunden, auf die das Unternehmen nicht verzichten kann, über die B-Kunden als zukünftige Hauptabsatzträger und über die C-Kunden, die aufgrund ihres geringen Umsatzpotentials für das Unternehmen nur marginal von Interesse sind.[6]
Die Produktsystemvielfalt ist ebenfalls einer ABC-Analyse zu unterziehen, um die A-Produktsysteme als Kernproduktsystemvarianten und die B-Produktsysteme als Anwärter für A-Produktsysteme herauszukristallisieren. Die Varianten der C-Produktsysteme spielen nur eine untergeordnete Rolle.

---

4 Vgl. Hamann, M. (1975), S. 66.
5 Zur Vorgehensweise der ABC-Analyse vgl. z.B. Busse von Colbe, W. (1990), S. 597 ff.; Planer, D. (1995), S. 382 f.; Troßmann, E. (1991), S. 46 ff.; Zäpfel, G. (1982), S. 179 f.
6 Vgl. Rommel, G. et al. (1993), S. 31 f.

Wird die ABC-Analyse der Kunden mit der ABC-Analyse der Produktsystemvielfalt kombiniert, erhält man ein Instrument zur Überprüfung der Kunden-Produktsystem-Struktur.[7]
Es kann festgestellt werden, ob sich beispielweise A-Kunden nur für A-Produktsysteme oder C-Kunden nur für C-Produktsysteme interessieren, welche Produktsystemvarianten sehr selten gekauft werden und somit die Komplexitätskosten bedeutend beeinflussen. Die Belieferung von Nischen und die daraus resultierende Vielfalt mit den damit zusammenhängenden Komplexitätskosten kann vermieden werden. Durch die Klassifizierung der Produktsysteme und der Kunden konzentriert sich das Unternehmen auf Schwerpunkte.[8]
In der folgenden Abbildung ist das 9-Felder-Schema einer kombinierten ABC-Analyse der Kunden- und Produktsystemvielfalt dargestellt. Die Abbildung gibt Aufschluß darüber, welche Produktsystemvarianten wenig erfolgversprechend sind und um die die angebotene Produktsystemvielfalt bereinigt werden kann. Durch Vermeidung der Belieferung von C-Kunden mit C-Produktsystemen wird kostspielige Überkomplexität reduziert.[9]
Als Ergebnis der kombinierten Analyse erhält das Unternehmen eine um kaum erfolgversprechende Kunden-Produktsystem-Kombinationen bereinigte und gestraffte Kunden- und Produktsystemvielfalt. Die bereinigte Kunden-Produktsystem-Struktur bildet die Grundlage für die Ermittlung der Kundenanforderungen.
„Was“ nun herzustellen und am Markt anzubieten ist, ist den Kundenwünschen zu entnehmen. Wesentlich im Rahmen einer Baukastenentwicklung ist die Informationsgewinnung über die Kundenwünsche, die als Input dienen, und somit über die unterschiedlichen Funktionen, die von den Produktsystemvarianten erfüllt werden sollen. Weiterhin ist von Bedeutung, wie die Produktsysteme nach Größe oder Abmessung abzustufen sind, d. h. welche Produktsystemtypen angeboten werden sollen.[10] Für den abgegrenzten Kundenkreis gilt es festzustellen, wieviel Vielfalt tatsächlich notwendig ist. Dazu sind umfangreiche Analysen notwendig, um genau die Vielfalt herauszufinden, die für die Kernkunden erforderlich ist.
Zur Gewinnung der erforderlichen Informationen kann das kundenwunschorientierte Produktplanungsverfahren Quality Function Deployment herangezogen werden.[11]

---

7 Die Anwendung der ABC-Analyse bei McKinsey auf das Produktionsprogramm im Bereich Maschinenbau zeigt, daß erfolgreiche Unternehmen große Umsatzanteile auf Basis weniger Produkte erzielen. In bezug auf die Kunden bedeutet die ABC-Analyse eine Begrenzung der Abnehmervielfalt und leistet damit einen wichtigen Beitrag zur Ertragssteigerung. Vgl. hierzu Rommel, G. et al. (1993), S. 29 f.

8 Vgl. Planer, D. (1995), S. 382.

9 Vgl. Planer, D. (1995), S. 385.

10 Vgl. hierzu auch Papen, S. v. (1977), S. 41.

11 Vgl. Brunner, F. J. (1992), S. 42.

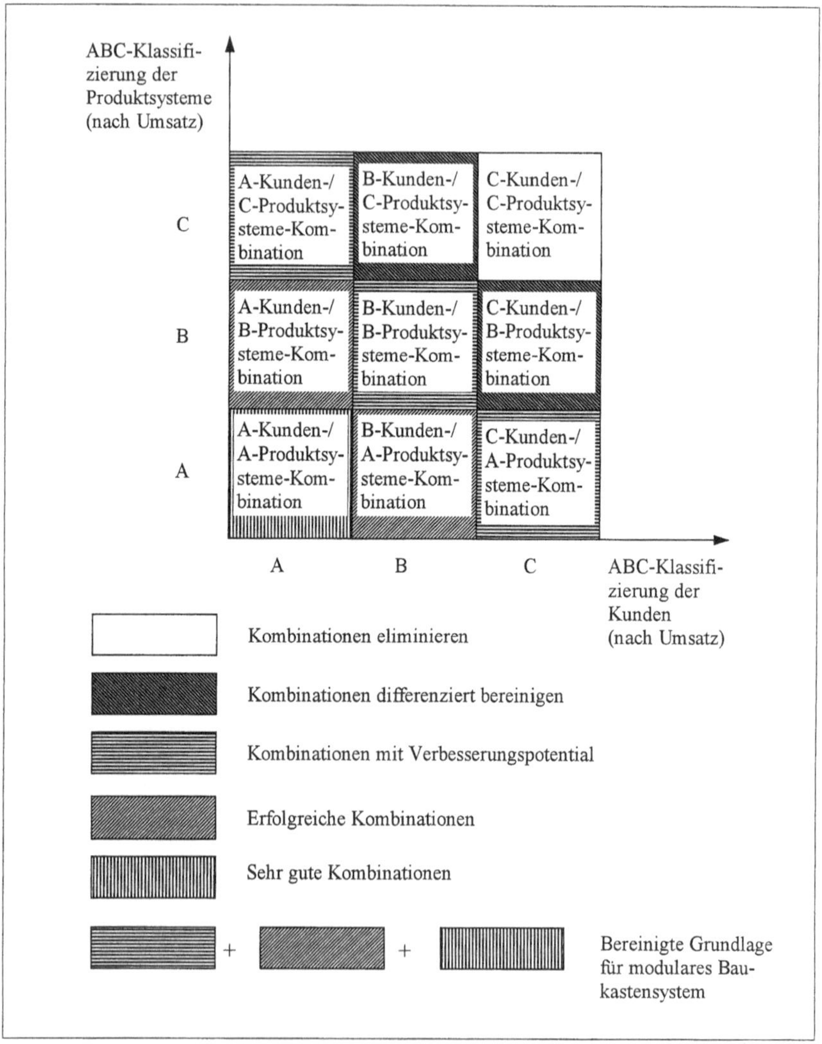

Abbildung 5.1: Kombinierte Kunden-Produktsystem-ABC-Analyse[12]

12 In Anlehnung und Erweiterung an Rommel, G. et al. (1993), S. 33.

5.1.2. Informationsgewinnung mit Quality Function Deployment

An das geplante modulare Baukastensystem ist der Anspruch zu stellen, daß es alle Funktionen enthält, die den Anforderungen der Kunden entsprechen, denn eine funktionsgerechte Ausrichtung des Baukastensystems ist wesentlich für die Auslösung einer Kaufentscheidung auf seiten der Kunden.[13] QFD (Quality Function Deployment)[14] ist eine Methode zur Strukturierung, Analyse und Umsetzung von Kundenwünschen[15] in entsprechende Produktsystemparameter, mit deren Hilfe kundenorientierte Produktsysteme entwickelt und konstruiert werden können, indem die Bedürfnisse und Qualitätsansprüche der Kunden in geeigneten Produktsystemeigenschaften oder Produktsystemfunktionen verwirklicht werden.[16]

Bei komplexen Produktsystemen ist im besonderen Maße ein transparenter und dokumentierbarer Entwicklungs- und Konstruktionsprozeß erforderlich. In bezug auf modulare Produktsysteme kann QFD bei der Umsetzung von Qualitätsforderungen, die der Kunde an das Produktsystem stellt und denen bestimmte Funktionen zugrunde liegen, in entsprechende Produktsystemfunktionen und damit auch bei der Modularisierung Hilfestellung leisten. Die Qualität des Produktsystems wird in die Qualität der Produktsubsysteme bzw. Module und in die Qualität der Produktsystemteile aufgespalten. QFD ermöglicht die Analyse der Gesamtfunktionen der Produktsysteme aus der Sicht der potentiellen Kunden und kann die Frage, wieviel Funktionalität von den Kunden tatsächlich gewünscht wird, beantworten. Im Alltag ist oft eine Überfunktionalität bei Produktsystemen feststellbar. Betrachtet man beispielsweise die Funktionsbelegung eines Taschenrechners, einer Spül- oder Waschmaschine, so wird sichtbar, daß der „Durchschnittskunde" im täglichen Leben nur einen Teilbereich der Funktionen beansprucht. Die Methode des QFD erlaubt einerseits die konsequente Umsetzung der tatsächlichen Kundenanforderungen in kundengerechte Pro-

---

13 Vgl. Hamann, M. (1975), S. 92.

14 Sowohl Quality Function Deployment als auch Quality Function Development sind geläufig. Vgl. Jansen, H. H. (1993), S. 49. „QFD wurde in Japan von Prof. Yoji Akao und Masao Kogure ... entwickelt und Anfang der 70er Jahre bei japanischen Unternehmen wie Toyota und Mitsubishi eingeführt." Brunner, F. J. (1992), S. 43.

15 Zur Methode des QFD vgl. Akao, Y. (1992); Brunner, F. J. (1992); Schröder, H.-H./Zenz, A. (1996); Schmidt, R. (1996).

16 „QFD ist ein Verfahren zur Entwicklung einer Entwurfsqualität, die sich an den Bedürfnissen der Kunden orientiert. Hierbei werden die Kundenanforderungen in Entwurfsanforderungen, wichtige Entwurfsziele und Qualitätssicherungspunkte übersetzt, die der Produktionsphase zugrunde gelegt werden." Akao, Y. (1992), S. 16.

duktsysteme, andererseits kann sie Überfunktionalität reduzieren.[17] Sie verhindert dadurch, daß Produktsysteme am Markt vorbei entwickelt werden.
QFD kommt damit im Rahmen der modularen Produktsystemplanung eine besondere Bedeutung als Hilfsmittel für die Präzisierung der Anforderungsliste zu[18], die dem Baukastensystem zugrunde gelegt wird und die als Ergebnis der Produktsystemplanung zu sehen ist. In ihr ist die „Stimme des Kunden“ niedergelegt. Sie enthält die notwendigen Forderungen, ohne die das geplante Baukastensystem am Markt nicht akzeptiert würde, und die nach Möglichkeit zu berücksichtigenden Wünsche.[19]

5.2. Konzeption modularer Produktsysteme

5.2.1. Funktionenanalyse

Mit dem eindeutigen Festlegen der Funktionen der Produktsysteme beginnt der Entwicklungsprozeß.[20] Die Methode der Funktionenanalyse dient dem Aufbau funktionaler Produktsystemstrukturen, indem ausgehend von den beispielsweise mit dem QFD-Verfahren ermittelten Gesamtfunktionen der Produktsysteme schrittweise der Funktionsplan gesucht wird.[21] Hierbei ist zu beachten, daß sämtliche Funktionen, die die Systeme erfüllen sollen, benannt und beschrieben werden. Die Funktionen sind zu strukturieren und die Verknüpfungen bzw. Zusammenhänge zwischen den Funktionen, die durch die zu analysierenden Produktsysteme realisiert werden sollen, aufzuzeigen.[22] Die Beantwortung von Fragen wie „welche Funktionen dienen dazu, andere Funktionen auszuführen?“ kann hilfreich bei der Strukturierung der Funktionen sein. Da sich die Funktionen im Normalfall in kleinere Teilfunktionen zergliedern lassen, können die Funktionen mit ihren einzelnen Beziehungen in einer hierarchischen Ordnung dargestellt werden, als dessen Ergebnis sich die funktionalen Produktsystemstrukturen ergeben.[23]
Beim Aufbau eines Baukastensystems als Grundlage für die Bildung von modularen Produktsystemen spielt das Aufstellen der Funktionsstruktur eine wesentliche Rolle.[24] Die Gesamtfunktionen werden in immer wiederkehrende Teilfunktionen zerlegt, die dann in unterschiedlichen Kombinationen verschiedene Gesamtfunktionsvarianten realisieren, und zwar so, daß sich bei der Zerlegung

---

17 Die Übersetzung der Kundenanforderungen in technische Produktsystemmerkmale erfolgt durch das *House of Quality*. Zum *House of Quality* und zum Ablauf von QFD vgl. insbesondere Schmidt, R. (1996), S. 302 ff. und die dort angegebene Literatur.
18 Vgl. Pahl, G./Beitz, W. (1997), S. 645.
19 Vgl. Pahl, G./Beitz, W. (1997), S. 167.
20 Vgl. Akiyama, K. (1994), S. 110.
21 Vgl. Ungeheuer, U. (1986), S. 65.
22 Vgl. Akiyama, K. (1994), S. 66.
23 Vgl. Ungeheuer, U. (1986), S. 66.
24 Vgl. Pahl, G./Beitz, W. (1997), S. 612.

möglichst wenige, gleiche und wiederkehrende Teilfunktionen ergeben.[25] Die Gesamtfunktion einer Produktsystemvariante läßt sich aufspalten in die

- Grundfunktion - sie ist bei allen Gesamtproduktsystemvarianten zu finden
- Hilfsfunktion - sie erfüllt die verbindende und anschließende Funktion
- Sonderfunktion - sie ist eine Teilfunktion, die besondere, ergänzende und spezifische Aufgaben erfüllt
- Anpaßfunktion - sie dient der Anpassung an andere Systeme und Randbedingungen
- Auftragsspezifische Funktion - sie wird nicht über das Baukastensystem abgedeckt und muß in Einzelkonstruktion entwickelt werden.[26]

Die verschiedenen Funktionsarten sind in der folgenden Graphik abgebildet.

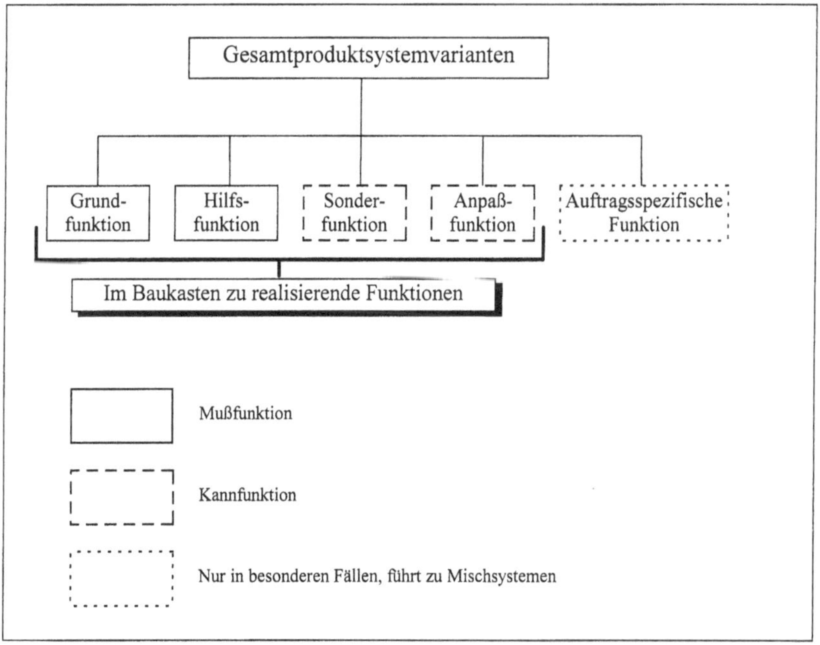

Abbildung 5.2: Aufteilung der Gesamtproduktsystemvarianten nach Funktionsarten[27]

25 Vgl. Eversheim, W. (1990), S. 124.
26 Vgl. Pahl, G./Beitz, W. (1997), S. 607 ff.
27 In Anlehnung an Pahl, G./Beitz, W. (1997), S. 608.

Mit der Aufstellung von Funktionsstrukturen werden bestimmte Ziele verfolgt. Vorrangig ist darauf zu achten, daß die Gesamtproduktsystemvarianten mit wenigen und einfachen kombinierten Grundfunktionen zu realisieren sind. Zusätzlich ist zu berücksichtigen, daß häufig vorkommende Varianten hauptsächlich aus Grundfunktionen bestehen sollten, während hingegen seltener vorkommende Varianten um zusätzliche Sonder- und Anpaßfunktionen zu ergänzen sind und nur wenn unbedingt nötig auftragsspezifische Funktionen erfüllt werden sollten.[28]

5.2.2. Modularisierung der Produktsystemstruktur

Mit der Modularisierung eines Produktsystems wird das Ziel verfolgt, das Produktsystem nach bestimmten Gesichtspunkten so zu gestalten, daß die Produktsystemstruktur modular hierarchisiert wird. Dadurch wird die Produktsystemstruktur transparent, weil durch die Bildung von Subsystemen in Form von Modulen sowohl die strukturelle Komplexität als auch die dynamische Komplexität reduziert wird. Modularisierung kann als Methode für „lean structuring" angesehen werden, bei der die Vielfalt nicht auf der Produktsystemebene sondern auf der Baugruppenebene reduziert wird und somit die Flexibilität, Änderbarkeit und Erweiterbarkeit der Produktsystemarchitektur gewahrt bleibt. Bei einer modularen Produktsystemstruktur wird im Optimalfall das System aus fertigen Modulen zusammengestellt.

Die Auflösung und Strukturierung der Gesamtproduktsystemfunktionen in Teilfunktionen reicht noch nicht aus für den Aufbau einer modularen Baukastensystematik. Als nächster Schritt müssen für die einzelnen Teilfunktionen technische Lösungen gefunden werden, die dann als sogenannte Funktionsträger fungieren. Werden die gefundenen Funktionsträger oder auch Funktionsbaugruppen den Teilfunktionen des Funktionsplans bzw. der Funktionsstruktur zugeordnet, so ergibt sich die funktionale Produktstruktur auf Baugruppenebene.[29]

Jetzt kann die Übertragung der Funktionsträger in Module - die per definitionem[30] eine oder mehrere Funktionen auf sich vereinigen - erfolgen.

Mit der Umsetzung der funktionalen Produktsystemstruktur in eine montagegerechte Produktsystemstruktur lassen sich vormontierbare und somit auch vorprüfbare Module realisieren.[31] Grundfunktionen werden in allen Produktsystemvarianten verwendet. Deshalb haben Module, die hauptsächlich Grundfunktionen auf sich vereinigen, einen hohen Wiederverwendungsgrad. So ist ein hoher Anteil an kunden- und auftragsneutralen funktionstragenden Modulen anzustreben.

---

28 Vgl. Pahl, G./Beitz, W. (1997), S. 613.

29 Vgl. Ungeheuer, U. (1986), S. 66.

30 Vgl. Abschnitt 4.2.1.

31 Zur Thematik der montagegerechten Produktstruktur vgl. Ungeheuer, U. (1986), S. 45 ff.

Als wirtschaftliche Lösung empfiehlt es sich, mehrere Teilfunktionen auf einem Modul zu vereinigen. Die grundlegende Frage bei der Modularisierung ist, welche und wie viele Funktionen in einem Modul zusammengefaßt werden sollen. Ein schwieriges Problem ist demnach die Festlegung der Grenzen zwischen den einzelnen Modulen.
Diese Frage nach der optimalen Funktionenbelegung der Module kann mit der Frage nach dem optimalen Komplexitätsgrad des Produktsystems beantwortet werden, der sich einerseits aus der Modulkomplexität und andererseits aus der Schnittstellenkomplexität zusammensetzt. Die Komplexität der Module wird durch ihre Größe und ihre Struktur bestimmt. Eine zunehmende Anzahl von Modulen bedeutet eine starke Zerlegung des Produktsystems, so daß im Extremfall eine Elementarisierung[32] vorliegen kann. Je geringer die Komplexität eines Moduls ist, um so weniger Funktionen können damit realisiert werden. Die Relationen zwischen den Modulen beeinflussen die Komplexität der Schnittstellen. In je mehr Module ein Produktsystem zerlegt wird, um so mehr Verbindungen bzw. Schnittstellen sind zwischen den einzelnen Modulen notwendig. Die Komplexität der Module und die Komplexität der Schnittstellen verhalten sich entgegengesetzt. Mit zunehmender Anzahl der Module je Produktsystem reduziert sich die Modulkomplexität, im gleichen Zuge erhöht sich jedoch die Komplexität der Schnittstellen, da die Verbindungen zwischen den Modulen zunehmen.
Die Integrationsfähigkeit der Module in das Produktsystem bzw. die Integrationsqualität der Module als „... Eignung von System-Komponenten ..., im Verbund mit anderen Komponenten die angestrebte Funktion ... zu erfüllen ...“[33], hängt von der Ausgestaltung der Schnittstellen ab.[34]

Die Schnittstellengestaltung kann nach unterschiedlichen Kriterien erfolgen[35]:

1. Die Gestalt der Schnittstelle ist abhängig von der Verbindungsrichtung, d.h. ob die Verbindung der Module auf der gleichen Produktsystemebene (horizontal) oder auf verschiedenen Produktsystemebenen (vertikal) erfolgt.
2. Liegen für eine Schnittstelle unternehmensübergreifende Schnittstellenvorgaben vor, so sind diese als Marktstandards zu akzeptieren. Ansonsten kann die Schnittstelle unternehmensintern festgelegt und optimiert werden.
3. Auch Schnittstellen können mit Funktionen belegt werden. Es muß entschieden werden, ob eine Schnittstelle nur eine Funktion (z.B. Schnittstelle als ausschließliche Verbindungskomponente) oder mehrere Funktionen (z.B. Schnittstelle als Füge- und Übertragungskomponente) ausführen soll. Daraus

32 Unter Elementarisierung wird in diesem Zusammenhang die Zerlegung eines Produktsystems in die kleinstmöglichen Bauteile verstanden. Vgl. Papen, S. v. (1977), S. 42.
33 Günter, B. (1979), S. 232, zitiert bei Kleinaltenkamp, M. (1993), S. 15.
34 Vgl. Backhaus, K. (1995), S. 312.
35 Zu 1.-3. vgl. Kleinaltenkamp, M. (1993), S. 16, zu 4. vgl. Zich, C. (1996), S. 201.

folgt die Festlegung einer Schnittstelle als mono- oder multifunktionale Schnittstelle.

4. Bei der Beantwortung der Frage nach der Dimensionierung der Schnittstelle ist zu klären, ob die Dimensionierung z.B. exakt sein soll oder ob Erweiterungsmöglichkeiten zu berücksichtigen sind. Letzteres ist vor allem bei langlebigen Produktsystemen von Interesse.
5. Schließlich ist über eine lösbare oder unlösbare Ausgestaltung der Schnittstelle zu entscheiden.

Die Möglichkeiten der Schnittstellenausgestaltung sind in der folgenden Tabelle zusammengefaßt.

Schnittstellengestaltung					
Entscheidungsfelder:	**Verbindungsrichtung**	**Funktionsbelegung**	**Umfang**	**Dimension**	**Lösbarkeit**
Lösungsmöglichkeiten	horizontal	monofunktional	unternehmensintern	minimal	lösbar
	vertikal	polyfunktional	Marktstandard	Überdimensionierung	nicht lösbar

Tabelle 5.1: Gestaltungsmöglichkeiten der Schnittstellen

Sind die Module dem Umfang nach festgelegt, ist die Entscheidung hinsichtlich der Konstruktion der einzelnen Module zu treffen.

5.2.3. Aufstellung und Auswahl der Konzeptvarianten

Für die konstruktive Ausgestaltung der Module sind unterschiedliche Lösungen möglich. Als Methode zur Ermittlung sämtlicher denkbarer Lösungen für ein Modul eignet sich die Morphologie.[36] Im morphologischen Kasten werden alle möglichen Lösungen dargestellt[37], d.h. für jedes Modul werden die Alternativen, die für dessen Realisierung herangezogen werden können, aufgelistet.[38] Dabei enthält der morphologische Kasten sowohl rein theoretische Funktionslösungen als auch bereits in der Praxis bewährte Funktionsrealisierungen.[39] Die morphologische Methode kann als Konstruktionsprinzip eingesetzt werden, weil die in Subsysteme zerlegten Produktsysteme als selbständige Module rea-

36 Morphologie wurde Anfang des 19. Jahrhunderts als Kunstwort gebildet. Sie wurde in den 40er Jahren diesen Jahrhunderts von Fritz Zwicky als Methode aufgegriffen. Dieser wandte sie auf astronomische und technische Probleme an. Vgl. Ropohl, G. (1972), S. 495.

37 Vgl. Eversheim, W. (1990), S. 80.

38 Vgl. Ropohl, G. (1972), S. 542 und Ehrlenspiel, K. (1995), S. 372 ff.

39 Vgl. Schuppar, H. (1991), S. 31.

lisiert werden, die miteinander kombinierbar sind. „Bei dieser Vorgehensweise erweist sich die morphologische Systematik als isomorphe Abbildung eines Baukastensystems.“[40] In bezug auf die Rationalisierung des Baukastensystems ist es zweckmäßig, wenn z.B. gleiche Energiearten zugrundegelegt werden, so daß demnach Antriebsmodule mit einer einzigen geeigneten Energieart belegt werden, anstatt elektrische, hydraulische und mechanische Antriebe im selben Baukasten zuzulassen.[41]

Die Kombinationen der Modullösungen ergeben nun die Konzeptvarianten der modularen Produktsysteme, die einer Bewertung unter technischen und wirtschaftlichen Gesichtspunkten zu unterziehen sind, damit die „günstigste“ Konzeptvariante gefunden wird. Zunächst sind die „Funktionskosten“ - d.h. der fertigungstechnische Aufwand - der Module und ihr kostenmäßiger Einfluß auf das gesamte Baukastensystem abzuschätzen. Module, die Grundfunktionen auf sich vereinigen, sind hier von besonderer Bedeutung, weil Grundfunktionen in jeder Produktsystemvariante enthalten sind. Deshalb sind die Konzeptvarianten vorzuziehen, die durch einen geringen Fertigungsaufwand der Grundfunktionen weniger Kosten verursachen. Die Ausrichtung der Module, die die Grundfunktionen enthalten, ist nach den umsatzstarken Produktsystemvarianten vorzunehmen. Zur Kostenoptimierung müssen die gegenseitigen Beeinflussungen der Module innerhalb eines Baukastensystems berücksichtigt werden. Erweist sich die Kostensituation eines Moduls in sämtlichen Lösungen als wirtschaftlich nicht tragbar, kann dieses im Bedarfsfall aus dem Baukastensystem herausgenommen und durch Einzelausführungen ersetzt werden.[42]
Für das ausgewählte Baukastenkonzept sind Pflichtenhefte[43] zu erstellen, die die Grundlage für die konstruktive Ausgestaltung bilden.

5.2.4. Darstellung der Prozeßkostenrechnung als geeignetes Kostenrechnungsinstrumentarium

Bislang wurden die modularen Produktsysteme aus einer eher technischen Sicht beleuchtet, die nun um eine kostenrechnerische Betrachtung ergänzt werden soll. Aufgabe eines geeigneten Kostenrechnungsinstrumentariums ist diesbezüglich die Erfassung, Steuerung und Kontrolle der Vielzahl der betrieblichen Vorgänge und deren Kostenwirkungen, die im Laufe des Produktlebens eines modularen Produktsystems anfallen.

---

40 Ropohl, G. (1972), S. 545.
41 Vgl. Pahl, G./Beitz, W. (1997), S. 613 f.
42 Vgl. Pahl, G./Beitz, W. (1997), S. 616 f.
43 Im Pflichtenheft wird das zu lösende Problem verbal beschrieben, und die Anforderungen an das zu entwickelnde Baukastensystem werden systematisch erfaßt. Vgl. Eversheim, W. (1990), S. 19.

5.2.4.1. Vorteil und Vorgehensweise der Prozeßkostenrechnung

In den letzten Jahren konnte ein starkes Anwachsen der Gemeinkosten gegenüber den Einzelkosten verzeichnet werden, verursacht durch die zunehmende Automatisierung und Rationalisierung der Produktion - daraus folgen höhere Steuerungs- und Kontrollkosten -, durch die Zunahme der Variantenvielfalt - die u.a. höhere Entwicklungskosten und Rüstkosten mit sich bringt - und durch die kürzer werdenden Produktlebenszyklen, woraus ein größerer Anteil der Entwicklungskosten an den Gesamtkosten resultiert.[44] Allgemein kann eine Verschiebung herkömmlicher Kostenstrukturen in Richtung Gemeinkosten festgestellt werden, die die Produktkalkulation komplizierter macht.[45]
Die traditionellen Kostenrechnungssysteme können dem allgemeinen Trend des Anstiegs der Gemeinkosten nicht gerecht werden. Bei diesen werden Gemeinkosten „... entweder über die innerbetriebliche Leistungsverrechnung auf Produktionskostenstellen verrechnet und über deren Bezugsgröße auf den Kostenträger bezogen oder, wie die Material-, Verwaltungs- und Vertriebsgemeinkosten, mit einem prozentualen Zuschlag auf Material- bzw. Herstellkosten dem Kostenträger belastet."[46] Die Gemeinkosten finden also bei den Kostenrechnungsverfahren, die für die Erfassung der aus der eigentlichen Produktion resultierenden Kosten entwickelt wurden, durch Aufschläge auf die direkten Kosten der Produktion Berücksichtigung.[47] Eine solche Vorgehensweise ist bei gestiegenem Gemeinkostenanteil nicht mehr angebracht.
Demgegenüber kann mit Hilfe der Prozeßkostenrechnung[48], die auf der traditionellen Kostenrechnung aufbaut, eine bessere Planung und Steuerung der Gemeinkostenbereiche und damit Verrechnung auf das Produkt erfolgen. Das Sichtbarmachen der Kosteneinflußfaktoren bspw. in Forschung und Entwicklung oder Beschaffung und Logistik ist heute genauso bedeutend für den Markterfolg eines Produktes wie z.B. das kostengünstige Fertigen.[49]
Die Frage nach den Haupteinflußfaktoren bzw. Kostentreibern der Gemeinkosten bildet den Ausgangspunkt der Prozeßkostenrechnung.[50] Bezüglich modularer Produktsysteme können solche Kostentreiber beispielsweise die Anzahl der unterschiedlichen Module in einem Baukastensystem und die Menge der damit herstellbaren Produktsysteme sein. Über die Identifizierung der Kostentreiber hinaus ist die Frage, wofür bzw. für welche Vorgänge Kosten entstehen, von

---

44 Vgl. Walter, U. (1996), S. 144 f. und Glaser, H. (1992), S. 274.
45 Vgl. Strecker, A. (1991), S. 3.
46 Mayer, Re. (1991), S. 81.
47 Vgl. Walter, U. (1996), S. 145 f.
48 Die Prozeßkostenrechnung wird auch als Vorgangskostenrechnung, prozeßorientierte Kostenrechnung, Activity-Based Costing oder Cost-Driver Accounting bezeichnet. Vgl. Glaser, H. (1992), S. 274.
49 Vgl. Mayer, Re. (1991), S. 75.
50 Vgl. Walter, U. (1996), S. 151. Etwa sieben bis zehn Kostentreiber können circa 80% des Gemeinkostenvolumens beeinflussen. Vgl. hierzu Mayer, Re. (1991), S. 75.

Relevanz. Die abteilungsübergreifenden Vorgänge, die durch die Kostentreiber bestimmt werden, bilden die Hauptprozesse und setzen sich aus mehreren Teilprozessen aus verschiedenen Kostenstellen zusammen.[51] Ein Hauptprozeß stellt etwa das Planen eines modularen Produktsystems dar, das beispielsweise die Beschaffung, die Fertigung und den Vertrieb involviert.[52]

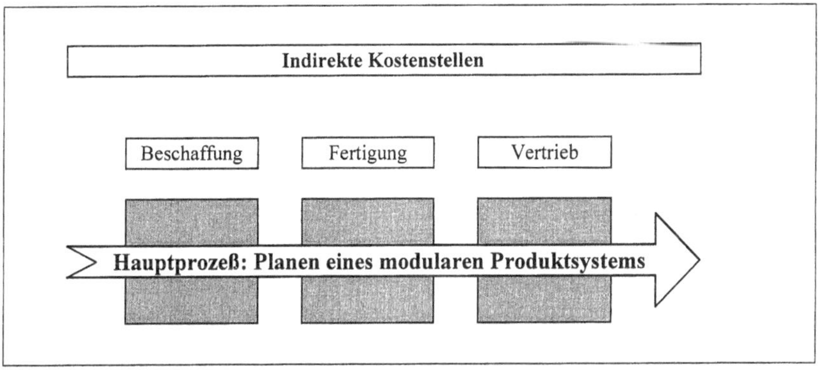

Abbildung 5.3: Der Hauptprozeß „Planen eines modularen Produktsystems“ als abteilungsübergreifender Vorgang[53]

Das Zusammenfassen der Teilprozesse zu abteilungsübergreifenden Hauptprozessen, die das Gemeinkostenvolumen beeinflussen, steht im Zentrum der Prozeßkostenrechnung.[54] Wesentlich ist dabei die Abhängigkeit der jeweiligen Prozesse von dem gleichen Kostentreiber.[55]

Nach Mayer bietet sich zum Aufbau einer Prozeßkostenrechnung die folgende Vorgehensweise an:[56]

(1) Bildung von Hypothesen über Hauptprozesse und Kostentreiber: Identifikation möglicher Hauptprozesse und Kostentreiber

(2) Tätigkeitsanalyse der Kostenstellen und Ableiten von Teilprozessen: Identifikation mehrerer Teilprozesse pro Kostenstelle und Unterscheidung in leistungsmengeninduzierte bzw. mengenvariable Prozesse und leistungsmengenneutrale bzw. mengenfixe Prozesse

51 Vgl. Mayer, Re. (1991), S. 76.
52 Vgl. Kapitel 5.1.
53 In Anlehnung und Erweiterung an Mayer, Re. (1991), S. 77.
54 Vgl. Walter, U. (1996), S. 152 und Mayer, Re. (1991), S. 79.
55 Vgl. Strecker, A. (1991), S. 33.
56 Vgl. Mayer, Re. (1991), S. 85 ff. Vgl. auch Walter, U. (1996), S. 153 f.

(3) Zuordnung der Kosten und Kapazitäten:
Im allgemeinen Zuordnung der Kosten auf Teilprozesse unter Berücksichtigung der Vorjahres- oder Budgetwerte und Umlegung der Kosten auf Prozesse in Abhängigkeit von der Mitarbeiterzahl; Sicherstellung der Weiterverrechnung aller Kosten durch Verrechnung der leistungsmengenneutralen Kosten auf die leistungsmengeninduzierten Prozesse

(4) Verdichtung zu Hauptprozessen:
Verdichtung der leistungsmengeninduzierten Teilprozesse zu wenigen Hauptprozessen; Ermittlung der Kostensätze der Hauptprozesse durch Addieren der Teilprozeßkostensätze

Nach dieser allgemeinen Darstellungsweise soll nun die Konzeption eines modularen Produktsystems mit ihren Kostenwirkungen betrachtet werden.

5.2.4.2. Erfassung der Kostenwirkungen von modularen Produktsystemen unter Berücksichtigung der Prozeßkostenrechnung am Bsp. der Konzeption

Besonders in den frühen Entwicklungsphasen können Probleme hinsichtlich der Zuordnung und Verrechnung von Kosten auftreten, die bei der Planung und Konzeption der modularen Produktsysteme auftreten.[57] Sicherlich ist im Vergleich zu einer individuellen Produktgestaltung die Konzeption eines Baukastensystems, aus dem mehrere Produktsysteme abgeleitet werden können, mit einem höheren Aufwand verbunden. Hat die Zuordnung der Gemeinkosten auf die einzelnen Module stattgefunden, lassen sich die einzelnen Produktsysteme einfacher kalkulieren, da die Module in mehreren Produktsystemen Anwendung finden und somit die Mehrfachverwendung der Module ausgenutzt werden kann.
Als kostenverursachende Teilprozesse können in der Phase der Konzeption modularer Produktsysteme die in der folgenden Tabelle aufgeführten Prozesse angesehen werden:

Teilprozesse	Kostentreiber	Leistungsmengenzurechenbarkeit
Funktionenanalyse der Produktsysteme	Anzahl der Produktsysteme	leistungsmengeninduziert
Modularisierung	Anzahl der Module	leistungsmengeninduziert
Leitung der Konzeption	-	leistungsmengenneutral

Tabelle 5.2: Beispiele für Teilprozesse in der Phase bzw. Kostenstelle der Konzeption

57 Vgl. Strecker, A. (1991), S. 166.

Im allgemeinen werden die Kostenstellenkosten per Mitarbeiterzahl auf die Teilprozesse aufgeteilt, wobei ein Arbeitsaufwand in Mannjahren (MJ) pro Teilprozeß angenommen wird.[58] Die Prozeßkosten erhält man durch das Multiplizieren der Anzahl der Mannjahre mit den Kosten eines Mitarbeiterjahres. Werden die leistungsmengeninduzierten Prozeßkosten bzw. die gesamten Prozeßkosten durch die Menge der Kostentreiber dividiert, können die leistungsmengeninduzierten bzw. gesamten Prozeßkostensätze ermittelt werden. Die durchschnittlichen Kosten für ein einmaliges Durchführen eines Prozesses werden im Prozeßkostensatz festgehalten.
In der folgenden Tabelle ist die Kostenzuordnung exemplarisch für die obige Tabelle 5.2 dargestellt.

Teilprozesse	**Kostentreiber**		**Kostenzurechnung**	**Prozeßkosten**			**Prozeßkostensatz**	
Bezeichnung	**Art**	**Menge**	**Basis (MJ)**	**lmi (DM)**	**lmn[59] (DM)**	**gesamt**	**lmi (DM)**	**gesamt**
Funktionenanalyse	Produktsysteme	20	2	200 000	40 000	240 000	10 000	12 000
Modularisierung	Module	8	3	300 000	60 000	360 000	37 500	45 000
Leitung der Konzeption			1		100 000			

Tabelle 5.3: Kostenstelle Konzeption[60]

Bei diesem fiktiven Beispiel entstehen also für den Teilprozeß „Funktionenanalyse eines Produktsystems" Kosten in Höhe von 10.000 DM (lmi) und 12.000 DM (gesamt). Dann können alle Teilprozesse mit den gleichen Kostentreibern zu Hauptprozessen zusammengefaßt werden, d.h. alle Teilprozesse, deren Kosten von der Anzahl der Produktsysteme abhängen, bilden einen Hauptprozeß.
Eine solche Identifizierung der Teilprozesse mit ihren Kostentreibern sowie die Zuordnung der Leistungsmengenzurechenbarkeit und Zusammenfassung zu Hauptprozessen ist für jede Phase des Lebenszyklus eines modularen Produktsystems möglich.

Die Prozeßkostenrechnung ist besonders geeignet für das Kostenmanagement der indirekten Bereiche der modularen Produktsysteme im Laufe eines Produktlebens und kann zudem einen Beitrag zur strategischen Produktsystemkalkulation leisten, insbesondere bei strategischen Entscheidungen, wenn es beispiels-

58 Vgl. hierzu und zum folgenden Mayer, Re. (1991), S. 90 ff. und Walter, U. (1996), S. 154 ff.
59 Die Umlage der leistungsmengenneutralen Kosten erfolgt proportional zur Kostenhöhe der leistungsmengeninduzierten Prozesse.
60 In Anlehnung an Mayer, Re. (1991), S. 88 und Walter, U. (1996), S. 155.

weise darum geht, ob die Herstellung eines Moduls einem Zulieferer übergeben werden oder ob in Zukunft die Variantenanzahl an Produktsystemen weiter reduziert werden soll.

5.2.5. Der Beitrag von CAD in der Konzeption

Mit CAD (Computer Aided Design)-Systemen werden die eigentlichen Tätigkeiten im Entwicklungs- und Konstruktionsprozeß durchgeführt.[61] Dabei erfüllt CAD hauptsächlich die folgenden Aufgaben:

- Hilfe beim Aufbau einer Konstruktionsstruktur
- Graphisches Darstellen der Konstruktionsstruktur neben der geometrischen Abbildung
- Definieren von Abhängigkeiten zwischen einzelnen Teilen der Konstruktion bzw. deren Parametern
- Wiederverwenden bereits bestehender Konstruktionen
- Ändern konstruktiver Parameter.[62]

Wichtige Voraussetzung für einen erfolgreichen Einsatz von CAD ist ein konstruktionsbezogenes Datenbanksystem, mit dem auf Konstruktionen gleicher oder ähnlicher Teile zurückgegriffen werden kann.[63] Besonders vorteilhaft ist das Weiterverarbeiten und Auswerten von CAD-Zeichnungen. Mit nur geringem Aufwand können bereits vorhandene Zeichnungen kopiert, gelöscht oder auch erweitert werden, wodurch sich Zeitersparnisse ergeben.[64] Gerade bei der Konzeption von modularen Produktsystemen ist von großer Bedeutung, daß nach eventuell bereits vorhandenen Modullösungen oder ähnlichen Lösungen im Datenbanksystem gesucht werden kann. Durch das Wiederverwenden solcher bereits konstruierter Module lassen sich sowohl Kosten als auch Entwicklungszeiten verringern.[65] Mit Hilfe des Gleichteileprinzips wird gewährleistet, daß im Rahmen des Baukastensystems gleiche Funktionen mit gleichen Funktionsträgern verwirklicht werden.[66]

Bei der Erstellung der Konstruktionszeichnungen von modularen Produktsystemen kann CAD einen wertvollen Beitrag leisten. Das Zusammenspiel einzelner Module über die Schnittstellen sowie die offene Systemarchitektur können am Computer durch zweidimensionale oder dreidimensionale Modelle (Draht-,

---

61 Vgl. Kleinaltenkamp, M. (1993), S. 7.

62 Vgl. Lingnau, V. (1994), S. 87 und Lingnau, V. (1996), S. 49. Vgl. auch Buchholz, G. (1987), S. 43.

63 Vgl. Lingnau, V. (1996), S. 49 und Roller, D. (1995), S. 8.

64 Vgl. Figura, J./Hartkopf, T./Kortenmeier, K. (1993), S. 2.

65 Vgl. Montau, R./Zwicker, E. (1995), S. 303. Vgl. auch die ab S. 306 ff. dargestellte Konzeption eines datenbankgestützten Ähnlichteilsuchsystems für Baugruppen in CAD.

66 Vgl. Eversheim, W./Kettner, P./Kosmas, I. (1986), S. 114.

Flächen- oder Volumenmodelle) simuliert werden.[67] Durch CAD wird der Informationsfluß zwischen Entwicklung und Fertigung beschleunigt. So soll nun im Anschluß die Phase der Herstellung modularer Produktsysteme betrachtet werden.

5.3. Herstellung modularer Produktsysteme

5.3.1. Beschaffung von Modulen

Zur Herstellung von modularen Produktsystemen muß die Versorgung des Unternehmens mit Roh-, Hilfs- und Betriebsstoffen bzw. mit Halb- und Fertigprodukten gewährleistet sein.[68] Besonders bei komplexen, aus mehreren Vorprodukten und Teilen zusammengesetzten Produktsystemen ist unter diesem Aspekt die Entscheidung über Eigenfertigung und Fremdbezug von großer Bedeutung.[69]

Die traditionelle Beschaffung beschäftigt sich hauptsächlich mit dem Bezug von Teilen und Baugruppen von vielen verschiedenen Zulieferern.[70] Im Gegensatz dazu werden bei der Beschaffungsstrategie „Modular Sourcing“ komplette, meist vormontierte Module als aggregierte Beschaffungseinheiten von einem Zulieferer geliefert[71]; in einem Beschaffungsvorgang erfolgt die Zusammenfassung mehrerer Einzelteile zu einem Modul.[72] Hintergrund hierfür ist die Reduzierung der Fertigungstiefe mit dem Ziel der Verlagerung von Vormontage- und Logistiktätigkeiten auf ausgewählte Zulieferer mit dem Ergebnis, daß einbaufertige Module nur noch endmontiert werden müssen.[73] Durch Modular Sourcing verändert sich die traditionelle kaskadenförmige Zulieferkette.[74] Es folgt eine Reduzierung der umfangreichen Beziehungen zwischen Zulieferer und Abnehmer durch die Zwischenschaltung des Modullieferanten, der in direktem Kontakt zum Abnehmer steht.[75]

Vor allem im Bereich der Automobilindustrie werden zunehmend Vormontageschritte den Zulieferern übergeben. Diese koordinieren alle Material- und Teileströme in der Zulieferkette und montieren Teile zu kompletten und einbaufer-

67 Vgl. Roller, D. (1995), S. 18 ff.
68 Vgl. hierzu Bloech, J. (1996), Sp. 246.
69 Zum Problem der Entscheidung zwischen Eigenfertigung und Fremdbezug vgl. Männel, W. (1983), S. 301 ff.
70 Vgl. Arnold, U. (1997b), S. 729.
71 Vgl. Wolters, H. (1995), S. 72.
72 Vgl. Kaufmann, L. (1995), S. 282.
73 Vgl. Wolters, H. (1995), S. 78 und Bitzenhofer, T. H. (1996), S. 68.
74 Vgl. Arnold, U. (1997b), S. 729.
75 Vgl. Eicke, H. v./Femerling, C. (1991), S. 55.

tigen Modulen.[76] Im Rahmen der Herstellung modularer Produktsysteme muß für jedes einzelne Modul eine Make or Buy-Entscheidung[77] getroffen werden.[78] Tendenziell konzentrieren sich die Automobilhersteller verstärkt auf ihre Kernkompetenzen[79], die im Bereich der Fertigung den Rohbau, das Lackieren und die Karosserieendmontage betreffen.[80] Die Kompetenz im Bereich Montage und Logistik fällt dabei immer häufiger auf die Zulieferer.[81] Durch die Konzentration auf Kernkompetenzen und folglich auch auf Kernprozesse ist es dem Produktsystemhersteller möglich, sich ausschließlich auf seine definierten Kernprozesse zu beschränken und neue Allianzen zwischen Marktteilnehmern zu bilden.[82] Konsequenterweise wird sich der Eigenfertigungsanteil beim herstellenden Unternehmen reduzieren.[83]

Unter Berücksichtigung von Kernkompetenzen bildet bei der Festlegung der Fertigungstiefe im Rahmen von modularen Produktsystemen die modularisierte Produktsystemstruktur beim Hersteller die Entscheidungsgrundlage. Liegen beim Hersteller bezüglich der Fertigung von sowohl die Mußfunktionen als auch die Kannfunktionen eines Produktsystems erfüllenden Modulen Kernkompetenzen vor bzw. sollen diese langfristig erworben werden, so empfiehlt sich die Eigenfertigung dieser Module. Ist dies nicht der Fall, müssen entsprechend geeignete Modullieferanten gesucht werden. Bei stark standardisierten Modulen, die auch bei anderen Produktsystemherstellern eingesetzt werden, bietet es sich an, einen Lieferanten zu suchen, der mit der Herstellung dieser Module Produktionskostenvorteile aufgrund von größeren Produktmengen gegenüber der Eigenfertigung erzielen kann. Hingegen lassen sich bei Sondermodulen bzw. spezifischen Modulen beim Lieferanten keine Größenvorteile realisieren, weshalb hier verstärkt über Eigenfertigung nachgedacht werden sollte. Gerade durch die Konzentration auf Kernkompetenzen bei strategisch wichtigen

76 Vgl. Eicke, H. v./Femerling, C. (1991), S. 55.

77 Der aktuelle Begriff hierfür ist Outsourcing, der bedeutet, „... daß eine betriebliche Funktion auf eine andere Unternehmung übertragen und damit der Grad der vertikalen Integration oder die Betriebs- bzw. Leistungstiefe reduziert wird." Scherm, E. (1996), S. 47.

78 Bei Scherm, E. (1996), S. 50 ff. findet sich ein Vergleich von Make or Buy-Ansätzen unter Zugrundelegung des kostenrechnerischen Kalküls, der Transaktionskostenanalyse und nicht-monetärer Kriterien. Vgl. hierzu auch Picot, A. (1991), S. 336 ff.

79 Unter Kernkompetenzen soll eine Wissensbasis verstanden werden, „... aus der heraus Kern- und Endprodukte für bestehende und neue Geschäfte geschaffen und mit denen Wettbewerbsvorteile errungen werden können." Zahn, E. (1996), Sp. 893. Zum Konzept und Management von Kernkompetenzen vgl. Zahn, E. (1996), Sp. 883 ff. Zum Beitrag von Kernkompetenzen bezüglich dem Innovationspotential von Kern- und Endprodukten vgl. Prahalad, C. K./Hamel, G. (1990), S. 79 ff.

80 Vgl. Dencker, B. (1995), S. 18.

81 Vgl. Puth, E. (1996), S. 17.

82 Vgl. Kaiser, H.-P. (1995), S. 379 f.

83 Vgl. Wüthrich, H. A./Winter, W. B. (1996), S. 62.

und innovativen Sondermodulen können Wettbewerbsvorteile realisiert werden.[84]

In der folgenden Abbildung ist ein möglicher Weg der Entscheidungsfindung unter Berücksichtigung der Kernkompetenzen aufgezeichnet. Grundlage hierfür ist die Annahme, daß nur durch den Auf- und Abbau spezifischer Fähigkeiten in Form von Kernkompetenzen eine langfristige Sicherung der Wettbewerbsposition erreicht werden kann.[85]

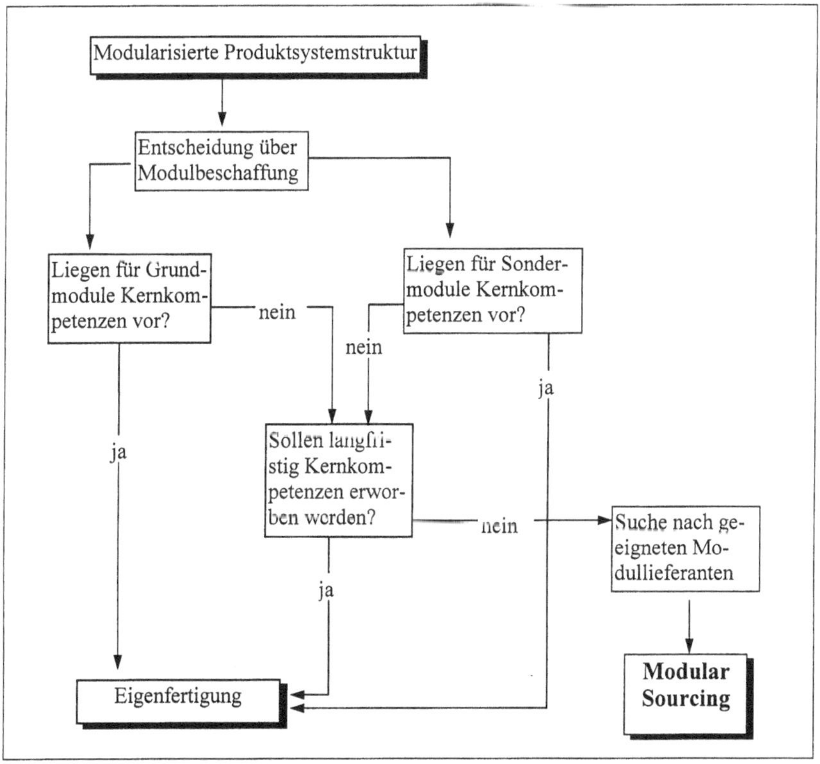

Abbildung 5.4: Kernkompetenzenorientierte Entscheidungshilfe beim Modular Sourcing

84 Zur Erreichung von Wettbewerbsvorteilen mit Kernkompetenzen vgl. Friedrich, S. A. (1995), S. 87 ff.

85 Vgl. Bogaschewsky, R. (1996), S. 126.

Bei der Auswahl eines geeigneten Modullieferanten sind neben einer kernkompetenzenorientierten Entscheidung die wesentlichen Kosten zu berücksichtigen.[86] Hinsichtlich der Optimierung der Leistungstiefe handelt es sich hierbei hauptsächlich um Produktions- und Transaktionskosten. Vorteile im Bereich der Produktionskosten auf seiten möglicher Lieferanten ergeben sich vor allem dann, wenn dieser - basierend auf größeren Produktionsmengen - Skaleneffekte erzielen kann oder wenn dieser eine effizientere Organisationsstruktur hinsichtlich der von ihm vollführten Tätigkeiten nachweisen kann. Neben den Produktionskosten sind auch Transaktionskosten von Relevanz, die vor und nach einem Vertragsabschluß anfallen.[87] Die Kosten für Suche und Auswahl des geeigneten Partners, Vertragsentwurf und für Verhandlungsführung schlagen sich beispielsweise in den ex-ante-Transaktionskosten nieder. Demgegenüber wirken sich Informations- und Kommunikationskosten bei der Durchführung und Kontrolle der Aktivitäten auf die ex-post-Transaktionskosten aus.

Voraussetzung für eine auf beiden Seiten erfolgreiche Hersteller-Lieferanten-Beziehung ist im Rahmen des Modular Sourcing eine umfassende Zusammenarbeit zwischen Lieferant und Hersteller des Produktsystems. Je nach Abhängigkeit von der Kundenrelevanz der Module und deren Komplexität ist eine intensive Koordination der Aktivitäten von Zulieferer und Abnehmer notwendig. Von seiten des Zulieferers müssen über die Kosteneffizienz hinaus verschiedene Voraussetzungen erfüllt werden.[88] Um eine Produktionsstufe auf Modulebene übernehmen zu können, muß der Modullieferant die Fähigkeit besitzen, entweder selbst ausgewählte oder vom Hersteller vorgegebene Sublieferanten zu steuern. Vorteilhaft ist der Aufbau von Produktionskapazitäten oder von Lagerräumen in Standortnähe, um produktionssynchrone Anlieferung gewährleisten zu können.[89] Die Qualität der gelieferten Module hat der vom Hersteller geforderten zu entsprechen, so daß der Lieferant über ein ausgereiftes Qualitätssicherungssystem verfügen sollte. Auf seiten des Herstellers, der Modulbeschaffung realisieren möchte, bedarf es einer genauen Angabe der vom Lieferanten zu erfüllenden Aufgabenstellung unter Vertrauen in die Selbständigkeit und Eigenverantwortlichkeit des Lieferanten und unter zur Verfügungstellung aller vom Lieferanten zur Modulherstellung benötigten Informationen.[90] Der gegenseitige Informationsaustausch erfolgt durch Datenübertragung mit EDI (Electronic Data Interchange) zur Realisierung einer unternehmensübergreifenden Produktionsplanung und -steuerung[91], denn nur durch intensive datentechnische

86 Vgl. Bogaschewsky, R. (1996), S. 129.

87 Vgl. Bogaschewsky, R. (1996), S. 130 f.

88 Vgl. Wolters, H. (1995), S. 88 ff. und Dencker, B. (1995), S. 19.

89 Beispielsweise hat die Brose Fahrzeugteile GmbH in Zusammenarbeit mit VW ein Türmodul - einschließlich Fensterheber, Schloß, Kabelsatz, Lautsprecher und Türöffnungsgestänge - entwickelt, das einbaufertig und getestet just-in-time ans Band geliefert wird. Vgl. Scheffels, G. (1997a), S. 25.

90 Vgl. Wolters, H. (1995), S. 84 f.

91 Vgl. Wüthrich, H. A./Winter, W. B. (1996), S. 66.

Kopplung ist Modular Sourcing unter wirtschaftlichen und ablauftechnischen Aspekten durchführbar.[92]

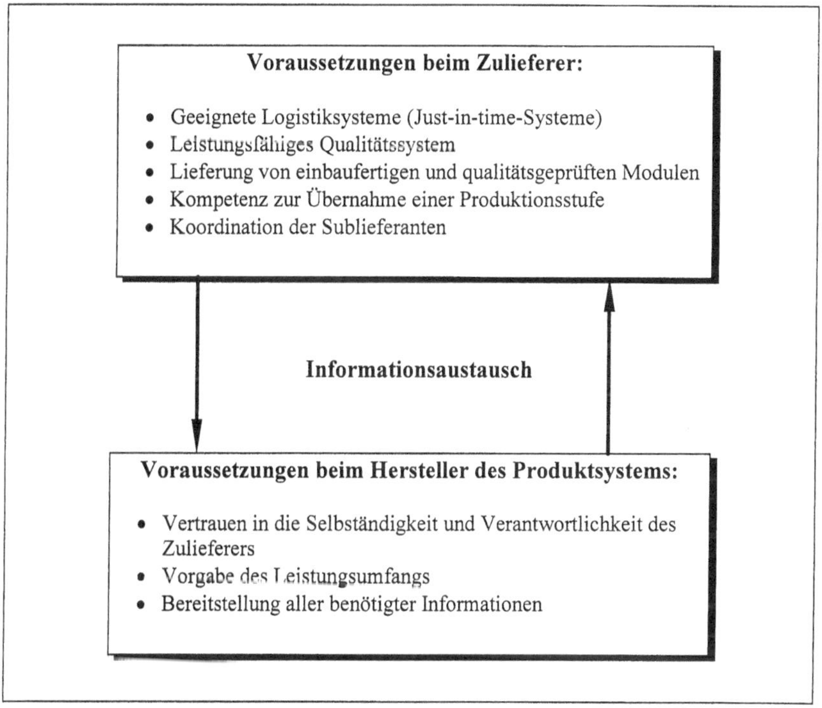

Abbildung 5.5: Voraussetzungen für Modular Sourcing beim Zulieferer und Hersteller des Produktsystems

Als Beispiel für Modulbeschaffung kann die Zusammenarbeit der Hella Fahrzeugsysteme GmbH und der Volkswagen AG im Bereich Frontend-Fahrzeugmodul herangezogen werden. Gerade in der Automobilindustrie ist ein Trend zur Fertigungstiefenreduzierung zu beobachten[93], da Automobilhersteller zunehmend auf Modullieferanten setzen, die fähig sind, die Module einbaufertig möglichst direkt am Band bereitzustellen.[94] Bei dem genannten Frontend werden die verschiedenen Einzelteile wie Scheinwerfer, Stoßfänger, Kühler und Grill zu einem Modul integriert.[95] Das Frontend zeichnet sich durch seine Mo-

92 Zum Einsatz von EDI in der Automobilindustrie vgl. Krill, O. (1996), S. 47 ff.
93 Vgl. Benkenstein, M. (1995), S. 180.
94 Vgl. Scheffels, G. (1996), S. 25.
95 Vgl. Kaufmann, L. (1995), S. 289 und Wolters, H. (1995), S. 188.

duleigenständigkeit, durch Vielfalt sowohl der Einzelteile als auch des Gesamtmoduls in bezug auf Funktionen, durch zahlreiche Montagevarianten und durch eine schnelle Einbauzeit ins Fahrzeug nach Fertigungsauftrag aus.[96] Hella wurde im Rahmen einer Modulzuliefererbeziehung alle Aufgaben im Bereich Montage und Logistik übertragen und ist zur Gewährleistung von Spezifität, Funktionalität und Nullfehlerqualität verpflichtet.[97]

5.3.2. Qualitätsprüfung

Bevor ein Modul in die Produktsystemarchitektur eingebunden wird, sollte seine einwandfreie Funktionstüchtigkeit und Richtigkeit durch einen intensiven Modultest überprüft werden. Voraussetzung hierfür ist, daß die Module so beschaffen sind, daß sie als Einzelmodul unabhängig von ihrer Einbettung in das modulare Produktsystem testbar sind. Wird die Qualitätsprüfung vor der Produktsystemintegration vernachlässigt, ist das modulare Produktsystem in seiner Gesamtheit fehleranfällig, und die Suche nach dem fehlerhaften Modul gestaltet sich mit steigender Komplexität des Produktsystems als zunehmend schwierig und aufwendig.
Ziel eines Modultests muß die Überprüfung des Moduls hinsichtlich Struktur und Funktionsweise, insbesondere auch der Korrektheit der Schnittstellen sein. Er sollte durchgeführt werden, sobald das Modul fertiggestellt ist.
Die Qualitätsprüfung findet im Rahmen des Modular Sourcing beim Zulieferer statt oder bei Eigenfertigung beim Hersteller modularer Produktsysteme.

5.3.3. Auswirkungen modularer Produktsysteme im Produktionsbereich

In diesem Abschnitt sollen mögliche Auswirkungen der Herstellung modularer Produktsysteme in den ausgewählten Bereichen Fertigung, Montage, Endmontage und Lagerhaltung aufgezeigt werden.

5.3.3.1. Modularisierte Fertigung

Die Komplexität der Fertigung von modularen Produktsystemen ist mit einer modularen Struktur der Fertigung in Form von Fertigungssegmentierung zu bewältigen.[98] Denkbar ist ein modulorientierter Aufbau der Fertigung, so daß in verschiedenen Fertigungssegmenten jeweils unterschiedliche Module komplett

---

96 Vgl. Eversheim, W./Laufenberg, L. et al. (1995), S. 33.

97 Vgl. Wolters, H. (1995), S. 190.

98 Vgl. Wildemann, H. (1990), S. 622.
Als Merkmale von Fertigungssegmenten können Markt- und Zielausrichtung, Produktorientierung, Integration mehrerer Stufen der logistischen Kette, Übertragung indirekter Funktionen und Kosten- bzw. Ergebnisverantwortung festgehalten werden. Vgl. hierzu Wildemann, H. (1998a), S. 47 ff.

bearbeitet werden. So lassen sich Fertigungseinheiten mit dezentraler Entscheidungskompetenz und Ergebnisverantwortung bei abgeschlossenen und abgegrenzten Aufgabenbereichen realisieren.[99] Gleichzeitig stützt sich die Organisationsform der modularisierten Fertigung auf die Selbständigkeit und Flexibilität der einzelnen Organisationseinheiten.[100]
Die Herstellung von modularen Produktsystemen ist durch einen hohen Vorbereitungsgrad[101] gekennzeichnet, damit die Module innerhalb der einzelnen Fertigungssegmente auftragsunabhängig vorproduziert werden können. Dadurch, daß gleiche und ähnliche Module in den gleichen Fertigungssegmenten hergestellt werden, ergeben sich in der Fertigung Rationalisierungseffekte.[102] Durch die Konzentration auf die Fertigung auftragsungebundener Module können Skalen- und Erfahrungskurveneffekte mit größeren Serien erreicht werden, da sich in den einzelnen Fertigungssegmenten die Durchlaufzeit verkürzt und die Produktivität aufgrund der tendenziell höheren Produktionsstückzahlen und Wiederholteile steigt. Eine weitere Ursache für Rationalisierungseffekte ergibt sich aus der Wiederverwendung von Modulunterlagen im Bereich der Arbeitsvorbereitung. Auch die Anzahl der Werkzeuge und Vorrichtungen kann reduziert werden, und durch die Wiederholung von Arbeitsabläufen lassen sich Prozesse schneller standardisieren.
Besonders im Automobilbau ist ein Streben nach modularisierter Fertigung zu bemerken. Zwei Beispiele sollen dies verdeutlichen. Die modulare Fertigung wird zum einen konsequent bei der Herstellung des Octavia von Skoda in Mladà Boleslav verfolgt.[103] Wichtigste Voraussetzung für die modulare Gestaltung der Fertigung war die modulare Konstruktion dieses Autos. Im Octavia-Werk befinden sich die Produktionslinien von fünf Modulherstellern, die für die Herstellung von fertigen Modulen, wie Türen, Motorblock, Frontpartie, Cockpit-Modul oder Sitze, und deren sekundengenaue Zuführung an die Fertigungsplattform des Octavia verantwortlich sind. So können immer bessere Autos zu immer günstigeren Bedingungen hergestellt werden.
Zum anderen wird auch die Produktionsstätte des Kompaktfahrzeugs „Smart Car“, des „Swatch-Autos“ der Micro Compact Car AG (MCC), zur Zeit in Lothringen in modularer Form errichtet. Dabei orientiert sich das modulare Produktionskonzept an dem modularen Produktkonzept.[104] Das Fahrzeug soll aus wenigen Modulen zusammengefügt werden, d.h. sieben Modulpartner liefern als „Werk im Werk“ sieben Module an das MCC-Montageband. Dabei be-

99 Vgl. Picot, A./Reichwald, R./Wigand, R. T. (1996), S. 223.
100 Vgl. Waibel, A./Hänggi, R. (1996), S. 65.
101 Vgl. hierzu Ellinger, T. (1963), S. 483 ff.
102 Vgl. Castiglioni, E. (1994), S. 177.
103 Vgl. Schnitgerhans, H. (1997), S. 20 ff.
104 Vgl. Fiege, H. (1998), S. 130.

trägt die Fertigungstiefe von MCC nur ca. 25%, und die Endmontage dauert 4,5 Stunden.[105]

5.3.3.2. Montage und Endmontage

Im Gegensatz zur Fertigung der Module, die durch Auftragsunabhängigkeit charakterisiert ist, ist der Bereich der Endmontage nun der Ort, an dem die unterschiedlichsten Kombinationsmöglichkeiten der Module gebildet werden können und somit universelle modulare Produktsysteme entstehen. Um den individuellen Charakter der modularen Produktsysteme zu gewährleisten, werden die Module je nach Bestellung der Endmontage zugeführt, wodurch eine schnelle Anpassung an individuelle Kundenwünsche möglich ist. Hier wird nun besonders die Vorteilhaftigkeit deutlich, daß aus einem gegebenen Baukasten von vorproduzierten und vormontierten Modulen das Endprodukt kundenspezifisch zusammengesetzt werden kann. Werden allerdings einbaufertige Module durch Modular Sourcing direkt an das Endmontageband geliefert, entfallen Vorproduktion und -montage beim Hersteller des Produktsystems.
Unter dem Aspekt, daß die Wirkungsweise der Modularität[106] gewährleistet werden soll, sind besonders lösbare Fügetechniken im Montagebereich von Vorteil. Zusätzlich soll die Beschaffung, Verwaltung und Zuführung von Verbindungselementen problemlos sein. Vor allem letzteres kann teure Montagebandstörungen zur Folge haben.
Das Fügen von Modulen und Einzelteilen macht den eigentlichen Fertigungsfortschritt am modularen Produktsystem aus. Die Fügeverfahren werden nach DIN 8593 in die Gruppen Zusammensetzen, Füllen, An- und Einpressen, Fügen durch Umformen, Fügen durch Urformen, Fügen durch Schweißen, Fügen durch Löten, Kleben und Textiles Fügen eingeteilt.[107]
Das Schrauben als Verfahren des Fügens durch An- und Einpressen erreicht im Rahmen der lösbaren Verbindungsverfahren große Bedeutung aufgrund der Formenvielfalt, des großen Spektrums der Belastbarkeit, der fast unbegrenzten Lösbarkeit mit wiederholtem Belasten und der Berechenbarkeit.[108] Vor allem im Fahrzeug- und Maschinenbau sind Schraubenverbindungen die am meisten eingesetzte Verbindungstechnik.[109] Aber auch Elektro-, Hausgeräte-, Möbelindustrie sowie Stahl- und Gleisbauer sind Anwender der Verschraubungstechnik.[110]
Da komplexe Produktsysteme aus mehreren unterschiedlichen Modulen und Einzelteilen bestehen, sind im Rahmen des Montageprozesses sicherlich viele unterschiedliche Fügeverfahren zu bewältigen, was zu hohen Flexibilitätsanfor-

105 Vgl. Scheffels, G. (1997b), S. 25.
106 Vgl. Abschnitt 4.2.3.2.
107 Vgl. Tuffentsammer, K. (1986), S. 17 und Pahl, G./Beitz, W. (1997), S. 405 f.
108 Vgl. Bauer, C. O./Kollmann, F. G. (1986), S. 44.
109 Vgl. Naumann, F. (1995), S. 30.
110 Vgl. Strelow, D. (1995), S. 29.

derungen an die Elemente einer Montageanlage, insbesondere an die Montagewerkzeuge und Greifer führt.[111] Komplexe Fügeprozesse, zu denen das Schrauben zählt, erfordern spezielle Montagewerkzeuge, so daß der Einsatz von flexiblen und multifunktionalen Montagewerkzeugen und Greifern Voraussetzung für die Montage modularer Produktsysteme ist.
Tendenziell sollte auch im Bereich der Fügeprozesse eine Standardisierung angestrebt werden. Dadurch würde die Endmontage der Module zum fertigen Produkt einfacher, da sich beim Zusammensetzen der Module Lerneffekte realisieren und Montagefehler reduzieren ließen. Zusätzlich wäre vorteilhaft, wenn Werkzeuge und Montagevorrichtungen wiederverwendbar wären.[112]

5.3.3.3. Die Funktion des Lagers

Das Bindeglied zwischen auftragsungebundener Fertigung der Module und kundenspezifischer Endmontage von modularen Produktsystemen bildet die Einrichtung einer kundennahen Bevorratungsebene. Da die Endmontage der modularen Produktsysteme auf Bestellung erfolgt, ist eine Lagerhaltung von kompletten Produktsystemen nicht notwendig. Wird allerdings die Montage des modularen Produktsystems vom Anwender des modularen Produktsystems selbst vorgenommen, wird die Lagerhaltung[113] von Modulpaketen notwendig.
Werden Module beim Zulieferer hergestellt, besteht die Gefahr, daß sich die Lagerhaltung auf den Zulieferer verlagert. Durch eine synchrone Herstellung von Modulen entsprechend des Montagetaktes sollte es jedoch möglich sein, Lagerhaltung beim Zulieferer in Form von Abrufläger zu vermeiden.[114] Wird Modular Sourcing mit einer Just-in-time-Zulieferung kombiniert, können die Kosten, die durch Kapitalbindung und Disposition entstehen, beim Hersteller von modularen Produktsystemen reduziert werden.[115]
Die modulare Gestaltung von Produktsystemen wirkt sich auch auf die Lagerhaltung von Ersatzteilen bzw. Ersatzmodulen aus. Die Tatsache, daß die Eigenschaft der Modularität es ermöglicht, gleiche Module - die bereits qualitätsgeprüft sind und deren Ausfallwahrscheinlichkeit somit geringer ist - in unterschiedlichen Produktsystemen einzubauen, kann zu einer Reduzierung der Ersatzteilbestände führen.[116]

---

111 Vgl. Richter, F./Frankenfeld, T. (1994), S. 426.

112 Vgl. Mayer, Ra. (1993), S. 165.

113 Zu den allgemeinen Motiven der Lagerhaltung vgl. Liesegang, D. G./Wohlgemuth, E. (1997), S. 496 f.

114 Vgl. Pfeiffer, W./Weiss, E. (1992), S. 76.

115 Vgl. Arnold, U. (1997b), S. 730.

116 Vgl. hierzu auch Meidlinger, A. (1994), S. 72 f.
Vgl. auch Collier, D. A. (1982), der in einem Simulationsexperiment zeigt, daß sich mit zunehmendem Gleichteileanteil auf Komponentenebene und gegebenem Servicegrad der Sicherheitsbestand eines Lagers reduziert.

Zusammenfassend kann festgehalten werden, daß eine Reduzierung der Zahl der Zulieferer durch Modular Sourcing und eine modulorientierte Fertigungssegmentierung die Komplexität in der Herstellung von modularen Produktsystemen erheblich verringert. Im folgenden ist die auftragsungebundene und auftragsgebundene Herstellung von modularen Produktsystemen dargestellt.

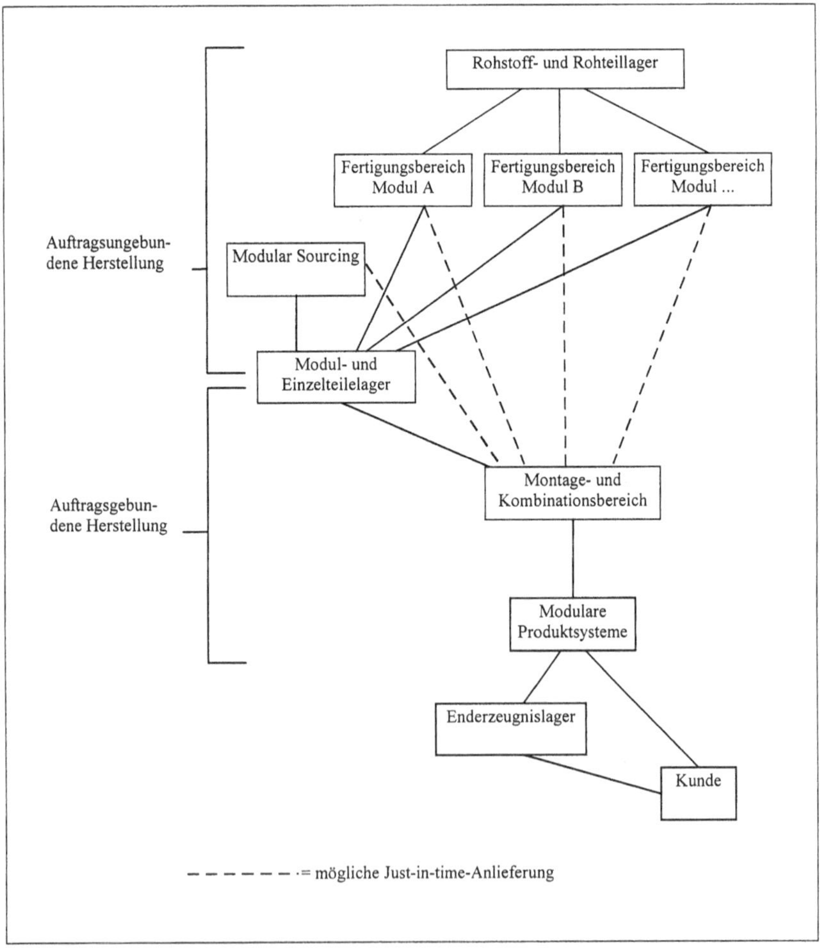

Abbildung 5.6: Auftragsgebundene und -ungebundene Herstellung modularer Produktsysteme

5.4. Gebrauch von modularen Produktsystemen

5.4.1. Vermarktung von modularen Produktsystemen

Um das Interesse für modulare Produktsysteme bei potentiellen Kunden zu wecken, besteht die Möglichkeit, diese durch Ausstellungen, Messen, Werbung und Fachaufsätze dem Kunden vorzustellen. Dabei steht die Kommunikation der Leistungsfähigkeit modularer Produktsysteme im Mittelpunkt.
Die potentiellen Kunden sind einmal über die Wirkungsweise, den Zweck und das Leistungsvermögen modularer Produktsysteme zu informieren. Darüber hinaus sind sie über die Vorteile modularer Produktsysteme, insbesondere gegenüber den angebotenen Produktsystemen von Mitwettbewerbern aufzuklären. Ein wichtiger Punkt ist hierbei auch das Herausarbeiten der Vorteile der Modularität gegenüber Einzel- bzw. Spezialanfertigungen. Für diese Aufgabe muß das Vertriebspersonal über sehr gute Kenntnisse hinsichtlich der Anwendungs- und Kombinationsmöglichkeiten der Module, der Struktur des Produktsystems und vor allem der Ausgestaltung der Schnittstellen verfügen. Das Vertriebspersonal sollte in der Lage sein, das Produktsystem, das den Bedürfnissen des potentiellen Kunden entspricht, zusammenzustellen. Als Grundlage hierzu kann ein Verkaufskatalog dienen, der alle verfügbaren Module mit genauen Beschreibungen enthält. Durch Festlegung der Module in einem Katalog hat der Vertriebsingenieur den Vorteil, daß er nicht mehr bei jedem Auftrag ein komplett neues Produkt zu spezifizieren hat, sondern durch den Rückgriff auf genau vorgegebene Module nur noch die dem Wunsch des Kunden entsprechende Kombination der Module auswählen muß.[117]
Neben der Kommunikation zwischen Vertrieb und Kunde spielt auch die Kommunikation zwischen Vertrieb und Technik eine große Rolle, da gewährleistet werden muß, daß nur die Funktionskombinationen verkauft werden, die tatsächlich geplant sind. Damit soll vermieden werden, daß neue Kombinationen durch den Vertrieb zugelassen werden, die technisch nicht machbar sind.[118] Gleichzeitig können vom Vertrieb entdeckte Kundenprobleme an die Entwicklung weitergegeben werden, so daß bei einer Häufung von nicht in den vorgegebenen Modulen berücksichtigten Kundenwünschen zu überlegen ist, ob diese mit neu entwickelten Modulen befriedigt werden sollten.

Konnte das Interesse beim Kunde geweckt werden und hat sich dieser für den Kauf eines modularen Produktsystems entschieden, sollten Maßnahmen ergriffen werden, die ihn über eine einmalige Kaufaktion hinaus langfristig an das

117 Vgl. hierzu auch Mayer, Ra. (1993), S. 169.
118 Vgl. Schuh, G./Kaiser, A./Herf, H.-D. (1995), S. 13.

Unternehmen binden. Dazu eignen sich After-sales-services[119], wozu die Installation, die Kundenschulung, die Instandsetzung und Instandhaltung gehören.[120] Gute Installationsleistungen sind vor allem bei modularen Investitionsgütern notwendig, wenn z.B. ein komplexes Lagersystem in einer Fabrikhalle schnell installiert werden soll. Eine fachgerechte Anwendung modularer Produktsysteme kann durch Kundenschulung maßgeblich unterstützt werden, da sie für den erwarteten Nutzen, der aus einem modularen Produktsystem hervorgeht, verantwortlich ist.[121] Letztendlich sorgt ein schneller und guter Instandsetzungs- und Instandhaltungsservice für die Funktionstüchtigkeit eines modularen Produktsystems und entsprechend auch für Kundenzufriedenheit. Durch das Angebot von After-sales-services besteht die Möglichkeit, den Kunden zu Wiederholkäufen zu veranlassen und somit langfristige Kundenbeziehungen aufzubauen.

In der folgenden Graphik werden die Informations- und Dienstleistungsströme zwischen Technik, Vertrieb und Kunde aufgezeigt.

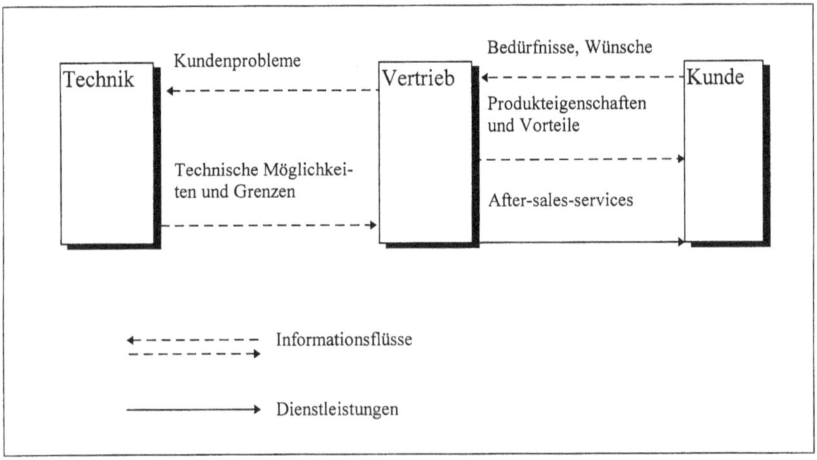

Abbildung 5.7: Informations- und Dienstleistungsströme zwischen Technik, Vertrieb und Kunde

119 Unter After-sales-services sollen Dienstleistungen nach dem Kauf verstanden werden. Vgl. z.B. Arbeitskreis „Marketing in der Investitionsgüter-Industrie“ der Schmalenbach-Gesellschaft (1977), S. 45.

120 Vgl. Kotler, P./Bliemel, F. W. (1992), S. 466 f.

121 Vgl. hierzu auch Kotler, P./Bliemel, F. W. (1992), S. 467.

5.4.2. Wirkungen im Gebrauch modularer Produktsysteme

Nach der Betrachtung der Festlegung des Absatzprogramms durch entsprechende Entwicklung des Baukastensystems und der Auswahl des passenden Produktsystems aus der angebotenen Produktsystempalette durch den Kunden steht nun der Gebrauch von modularen Produktsystemen im Mittelpunkt. Es sollen insbesondere die Auswirkungen, die sich durch den Einsatz von modularen Produktsystemen beim Nachfrager ergeben, untersucht werden.
Aus der Sicht des Verwenders kann sich das modulare Produktsystem auf verschiedene Art und Weise darstellen:

a) Die Modularität ist für den Nachfrager sichtbar und anwendbar[122],
b) die Modularität ist für den Nachfrager nicht sichtbar und damit nicht anwendbar.

Produktsysteme mit sichtbarer und anwendbarer Modularität lassen sich je nach Kundenanforderung zusammenstellen, erweitern oder umbauen. Beispiele hierfür sind modulare Regalsysteme, die jeweils an wechselnde Verhältnisse anpaßbar sind. Im Gegensatz hierzu ist das Baukastensystem bei Produktsystemen mit unsichtbarer Modularität für den Nachfrager nicht erkennbar. Er kann das Produktsystem somit nur in sehr begrenztem Rahmen an sich ändernde Anforderungen anpassen. Als Beispiel können Fernsehgeräte, Telefonapparate oder auch Fahrzeuggetriebe genannt werden, deren Modularität - falls bei der Herstellung ein Baukastensystem zugrundegelegt wurde - nicht offensichtlich ist.

Wirkungen in der Gebrauchsphase	bei Produktsystemen mit sichtbarer Modularität	bei Produktsystemen mit unsichtbarer Modularität
Einfluß auf Leistungsumfang	x	-
Vorteile bei Investitionskosten	x	-
Zuverlässigkeit	x	x
Reparaturfreundlichkeit	x	x
Wiederverwendung ausgebauter Module	x	x
Verlängerbare Produktsystemlebensdauer	x	x

Tabelle 5.4: Wirkungen der Modularität während des Gebrauchs

122 Endler spricht in diesem Zusammenhang von verwenderanwendbaren Baukästen. Vgl. Endler, D. (1994), S. 98.

In Abhängigkeit von der Sichtbarkeit der Modularität bei Produktsystemen ergeben sich unterschiedliche Auswirkungen[123], die in der obigen Tabelle aufgeführt sind.
Ausschließlich bei Produktsystemen mit sichtbarer Modularität besteht für den Verwender die Möglichkeit, aktiv das Endprodukt nach spezifischen Wünschen zu gestalten und den Leistungsumfang des Produktsystems selbst festzulegen.[124] In diesem Fall lassen sich die Investitionskosten senken, da nur die Module gekauft werden können, die zum Zeitpunkt der Beschaffung für den festgelegten Leistungsumfang erforderlich sind. Je nach finanzieller Lage kann der Verwender das gekaufte Produktsystem um Module ergänzen, indem er Erweiterungsinvestitionen vornimmt und somit weitere Teilkäufe beim Hersteller des Produktsystems tätigt.[125] Das Produktsystem kann anfangs so ausgelegt werden, daß es nicht mit überflüssigen Ausstattungen ausgerüstet ist, welche die Anschaffungskosten in die Höhe treiben würden.
Sowohl Produktsysteme mit sichtbarer als auch mit unsichtbarer Modularität zeichnen sich durch eine hohe Zuverlässigkeit aus, da sie auf qualitätsgeprüften, ausgereiften Modulen beruhen. Das Ausscheiden eines Produktes aus der Gebrauchsphase wird entweder durch einen physischen Alterungsprozeß, und/oder durch technologisches Altern bestimmt. Bei modularen Produktsystemen kann ein solches Ausscheiden verzögert werden. Wird aufgrund von physischem Altern eine Reparatur fällig, müssen ausschließlich die defekten Module ausgetauscht werden. Dadurch geht eine Reparatur leicht und schnell vonstatten. Ausgebaute Module können in anderen Produktsystemen nach einer Funktionsüberprüfung wiederverwendet werden. Mit dem Defekt eines Moduls ist nicht gleichzeitig das Auswechseln des gesamten Produktsystems erforderlich. Durch den Austausch fehlerhafter Bausteine kann die Produktsystemlebensdauer verlängert werden; es findet eine Entkopplung der Lebensdauer des Produktsystems und der einzelnen Module statt. Auswirkung auf eine verlängerte Gebrauchsphase des Produktsystems hat auch die Möglichkeit der Modernisierung als Maßnahme gegen das technologische Altern, indem alte durch fortschrittlichere Module ersetzt werden. Auf diese Art und Weise ist das Produktsystem technologisch nachrüstbar, kann am technischen Fortschritt teilnehmen und bleibt somit attraktiv.
Während der Gebrauchsphase zeichnen sich modulare Produktsysteme vor allem durch ein verlängerbares Produktleben aus, wobei jedoch nicht zu verhindern ist, daß modulare Produktsysteme irgendwann der Entsorgung zugeführt werden müssen.

---

123 Zu den Vor- und Nachteilen von Baukastensystemen beim Nachfrager vgl. beispielsweise Biegert, H. (1971), S. 135 ff.; Ropohl, G. (1984), Sp. 299 f. und Pahl, G./Beitz, W. (1997), S. 621 f.

124 Vgl. hierzu auch Endler, D. (1994), S. 98.

125 Vgl. Endler, D. (1994), S. 99.

5.5. Entsorgung modularer Produktsysteme

Kann ein modulares Produktsystem nicht mehr seinem ursprünglichen Zweck entsprechend - beispielsweise aufgrund technischen Verschleisses oder geänderter Kundenbedürfnisse - eingesetzt werden, tritt es nach der Gebrauchsphase in die Entsorgungsphase ein. Anstatt der Sackgasse Shredder oder Deponie für Produktsysteme am Ende ihres Lebenszyklus soll nun sowohl das Recycling von modularen Produktsystemen als auch eine alternative Wieder- und Weiterverwendung bzw. Wieder- und Weiterverwertung der nach einer geeigneten Demontage anfallenden Produktsystemteile untersucht werden.
Das seit Oktober 1996 gültige Kreislaufwirtschafts- und Abfallgesetz zielt auf die *Förderung einer Kreislaufwirtschaft zur Schonung der natürlichen Ressourcen und die Sicherung der umweltverträglichen Beseitigung von Abfällen* ab.[126] Die in diesem Gesetz definierte erweiterte Produktverantwortung betrifft vor allem Endprodukthersteller, die sich mit der Rücknahme und dem Recycling der Altprodukte beschäftigen müssen.[127]
Für die Hersteller modularer Produktsysteme bedeutet dies, daß nach Ende der Produktlebenszeit der Produktsystemrücklauf einsetzt und ausgebrauchte Produktsysteme zurückgenommen werden, deren Entsorgung zu optimieren ist. Bevor auf das Recycling von modularen Produktsystemen eingegangen wird, soll zunächst der Prozeß der Produktsystemzerlegung - die Demontage - betrachtet werden.

5.5.1. Demontage modularer Produktsysteme

Die Demontage von komplexen Produkten kann entweder auf zerstörungsfreie oder auf grobe Art und Weise gestaltet werden. Bei einer zerstörungsfreien Demontage wird das Produkt durch das Lösen der Schnittstellen in seine Bestandteile, die dabei ungeschädigt bleiben, zerlegt. Für diese zeit- und lohnintensive Art des Demontierens sind Arbeitskräfte von hoher Qualifikation notwendig. Demgegenüber trennt die grobe Demontage die verwertbaren Bestandteile eines Produktes heraus, dabei wird eine Zerstörung nicht verwertbarer Bestandteile bewußt akzeptiert. Lohn- und Zeitintensivität sind hierbei jedoch geringer.[128]
Für das Demontieren modularer Produktsysteme ist die Art der zerstörungsfreien Demontage vorzuziehen. Nur dann ist es möglich, sämtliche funktionstauglichen Module zurückzugewinnen.[129]
Beim Demontieren werden die modularen Produktsysteme an den dafür vorgesehenen Schnittstellen innerhalb der Produktstruktur aufgebrochen. Besonders die ausgewählte Verbindungstechnik an den Schnittstellen hat erheblichen Ein-

126 Vgl. Meffert, H./Kirchgeorg, M. (1996a), S. 6.
127 Vgl. Meffert, H./Kirchgeorg, M. (1996a), S. 7.
128 Vgl. Spengler, T. (1994), S. 14.
129 Vgl. Heeg, F. J./Veismann, M./Schnatmeyer, M. (1994), S. 26.

fluß auf die Demontierbarkeit und Zerlegbarkeit eines modularen Produktsystems. Je leichter und schneller eine Schnittstelle aufgebrochen werden kann, um so demontagefreundlicher ist die Produktstruktur. Vor allem schnell lösbare Verbindungstechniken tragen zu einer effektiven Demontage bei.
Hinsichtlich der leichten und schnellen Lösbarkeit von Schnittstellen läßt sich eine Hierarchie der Demontagefreundlichkeit von Verbindungstechniken aufzeigen, die in der folgenden Abbildung für ein Beispiel aus dem Automobilbau dargestellt ist.

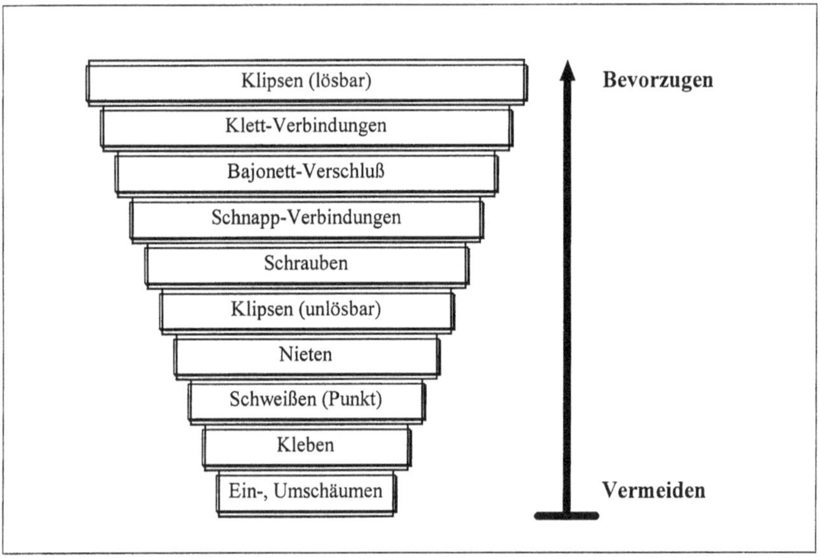

Abbildung 5.8: Hierarchie demontagefreundlicher Verbindungstechniken am Beispiel Automobilbau[130]

Aufgrund der reduzierten Baugruppenvielfalt und der standardisierten Schnittstellen gestaltet sich eine modulare Produktstruktur bei gleichzeitiger Verwendung leicht lösbarer Verbindungstechniken als äußerst demontagefreundlich. Eine manuelle Demontage kann wesentlich schneller als bei nicht modularen, komplexen, schwer separierbaren Produkten durchgeführt werden, so daß mit dem Demontieren weniger Arbeitszeit und damit auch geringere Lohnkosten verbunden sind. Darüber hinaus kann auch eine automatisierte Demontage in Betracht gezogen werden.

---

130 In Anlehnung an Adam Opel AG (1994).

Die einfachste Version einer zerstörungsfreien Demontage liegt in der Ausführung eines einzigen Arbeitsgangs, wie beispielsweise im Ziehen einer Reißleine.
Besonders anstrebenswert scheint in diesem Zusammenhang die Vision des Zerfalls eines modularen Produktsystems in sauber getrennte Module bei Betätigung eines Schalters oder Druckknopfes zu sein.[131]
Zwei Beispiele sollen für eine in diese Richtung weisende Zerlegefreundlichkeit als Vorbild dienen:

- Bei einer Kaffeemaschine von Bosch-Siemens-Hausgeräte können mit einem Hammerschlag auf die Bodenplatte die elektrischen Komponenten vom Gehäuse getrennt werden. Neben drei Schraubverbindungen wurden ausschließlich Klemm- und Steckverbindungen eingesetzt. Dadurch ergibt sich eine einfache, allerdings nicht vollkommen zerstörungsfreie Demontage.[132]
- Bei Hewlett-Packard in Böblingen wurde das Prinzip des Eierkartons auf High-Tech-Verhältnisse übertragen. Dabei erfolgt die Befestigung von empfindlichen Produktkomponenten nicht mehr durch Schrauben oder Schnappverschlüsse sondern durch die formschlüssige Einbettung in Schaummaterial. Durch ein Rütteln des über Kopf gestellten Gerätes wird das Herausfallen der Teile erreicht. Bei einem Personalcomputer läßt sich so die Demontagezeit um rund 80-90% senken.[133]

Diese Beispiele machen deutlich, daß Demontage nicht einfach nur als eine Umkehrung der Montage betrachtet werden sollte. Je nach Produktstruktur kann in der Demontage von wesentlich kürzeren Zeiten als in der Montage ausgegangen werden. Schließlich ist die Ausgestaltung und Durchführung der Demontage entscheidend für das Erfolgspotential von Recyclingprozessen.

5.5.2. Recycling von modularen Produktsystemen

5.5.2.1. Der Recyclingbegriff

Unter Recycling werden im allgemeinen jene Prozesse verstanden, „... durch die ein bislang nicht verwerteter Materie- bzw. Energieoutput des Wirtschaftssystems diesem als Inputfaktor wieder zugeführt wird."[134] Ursprünglich stammt der Begriff Recycling aus dem griechischen Wort „kyklos = der Kreis"[135], in

131 Vgl. Schmittbetz, M. (1995), S. 28.

132 Vgl. Biermann, M./Munz, M./Röhm, E. (1995), S. 42 und Dürand, D./Stein, I. F. (1995), S. 79.

133 Vgl. Deutsch, C. (1994), S. 110 und vgl. Biermann, M./Munz, M./Röhm, E. (1995), S. 42.

134 Kleinaltenkamp, M. (1985), S. 21.

135 Vgl. hierzu Liesegang, D. G./Pischon, A. (1996), Sp. 1790 und die dort aufgeführten unterschiedlichen Definitionen zum Begriff Recycling.

dessen Mittelpunkt die Zurückführung von Material und Energie in den Wirtschaftskreislauf steht. Orientierungshilfe bei der Differenzierung des Recycling gibt die VDI-Richtlinie 2243 - Konstruieren recyclinggerechter technischer Produkte.[136] Nach ihr lassen sich bezüglich der verschiedenen Kreislaufarten

- das Produktionsabfallrecycling,
- das Recycling während des Produktgebrauchs und
- das Recycling nach Produktgebrauch

unterscheiden.[137] Diese Gliederung orientiert sich am Lebenszyklus technischer Produkte und damit am Zeitpunkt, zu dem Recycling stattfinden kann.

Beim Recycling von modularen Produktsystemen konzentriert sich die Untersuchung im Rahmen der Entsorgungsphase auf das Recycling *nach* dem Produktgebrauch. Diese Art des Recycling wird auch als Material- oder Altstoffrecycling bezeichnet, bei dem die ursprüngliche Produktstruktur behandelt wird, wie z.B. das Verarbeiten von Kunststoffen zu Granulat. Bei entsprechender Qualität wird das Recyclat als Wiederverwertung dem Produktionsprozeß zugeführt, ansonsten besteht die Möglichkeit der Weiterverwertung.[138]
Bezüglich des Recycling nach Produktgebrauch sollen nun auch die Alternativen der Wieder- und Weiterverwendung in die Betrachtung mit einbezogen werden. Im folgenden werden zunächst die Begriffe Wieder- bzw. Weiterverwendung und Wieder- bzw. Weiterverwertung erläutert, bevor auf die Bedeutung der Modularität für die Formen des Recycling eingegangen wird.

5.5.2.2. Formen des Recycling

Den Formen des Recycling werden laut VDI-Richtlinie 2243 die Begriffe Wieder-, Weiterverwendung und Wieder-, Weiterverwertung untergeordnet.
Im Rahmen einer *Wiederverwendung* werden Produkte oder Produktkomponenten wieder für den ursprünglich vorgesehenen Verwendungszweck eingesetzt (Bsp.: Pfandflasche, Austauschmotor). Weicht hingegen der Einsatz vom Erstzweck ab, so liegt *Weiterverwendung* vor (Bsp.: Senfglas als Trinkglas, Margarinebecher als Gefrierdose). Wird die Produktgestalt unter Rückgewinnung von Rohstoffen aufgelöst, die dann im selben Produktionsprozeß Anwendung finden, handelt es sich um *Wiederverwertung* (Bsp.: Altpapiereinsatz bzw. Altglas bei der Papier- bzw. Glasherstellung). Findet die Anwendung in einem anderen Produktionsprozeß statt, wird darunter *Weiterverwertung* verstanden

---

136 Vgl. Meffert, H./Kirchgeorg, M. (1996b), Sp. 1329 und Liesegang, D. G./Pischon, A. (1996), Sp. 1792.

137 Vgl. Heeg, F. J./Veismann, M./Schnatmeyer, M. (1994), S. 24 und Liesegang, D. G./Pischon, A. (1996), Sp. 1792.

138 Zum Recycling nach Produktgebrauch vgl. beispielsweise Heeg, F. J./Veismann, M./Schnatmeyer, M. (1994), S. 25 und Liesegang, D. G./Pischon, A. (1996), Sp. 1793.

(Bsp.: Herstellung von Kartonagen aus Papierabfällen, Gewinnung von Flüssigkeitsbrennstoffen aus Kunststoffabfällen durch Pyrolyse).[139]

In der folgenden Graphik sind die Formen des Recycling abgebildet.

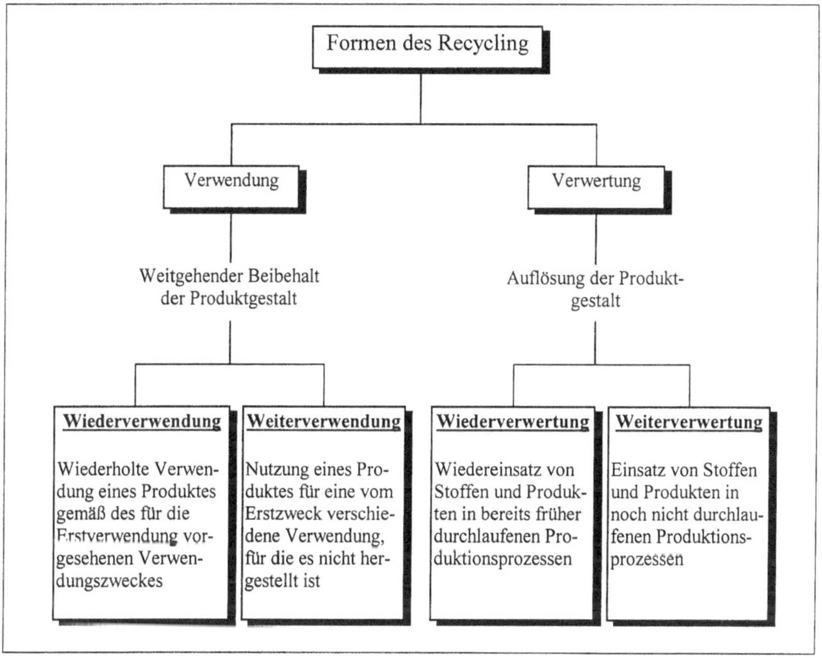

Abbildung 5.9: Formen des Recycling[140]

5.5.2.3. Die Bedeutung der Modularität für die Formen des Recycling

Für ein in die Entsorgungsphase eintretendes modulares Produktsystem besteht die Möglichkeit, entweder das komplette Produkt oder die nach der Demontage anfallenden Module und Produktkomponenten im Anschluß an die Reinigung den verschiedenen Formen des Recycling zuzusortieren, denn modulare Produktsysteme bestehen aus unterschiedlichen Modulen, die bei der Demontage als Recyclingbausteine anfallen, für die unterschiedliche Recyclingformen von Relevanz sein können.

---

139 Vgl. Liesegang, D. G./Pischon, A. (1996), Sp. 1793 f. und Steinhilper, R. (1988), S. 31 f.

140 In Anlehnung und Erweiterung an Heeg, F. J. (1984), S. 507 und Keimeier, S. (1995), S. 51.

5.5.2.3.1. Beitrag der Modularität zu den Verwendungsformen

Im Rahmen der Verwendungsformen sind die Wieder- und Weiterverwendung für modulare Produktsysteme von Bedeutung.

a) Beitrag der Modularität zur Wiederverwendung
Für die Wiederverwendung von modularen Produktsystemen können drei Alternativen angegeben werden.

1. Wiederverwendung des kompletten Produktsystems

Aufgrund der modularen Produktstruktur kann das Produktsystem nach einer Funktionsüberprüfung und gegebenenfalls Überholung bzw. Reparatur durch den Austausch defekter Teile und Module und/oder durch technologisches Hochrüsten als Gebrauchtgerät wieder auf dem Markt Verwendung finden. Zur Vermarktung solcher neuwertigen Geräte ist die Schaffung von Second-Hand-Märkten denkbar.[141] Diese Form der Verwendung trägt entscheidend zur Verlängerung der Nutzungsdauer von Produkten bei und eignet sich vor allem bei Produktsystemen, bei denen der Nutzen bzw. die Funktion des Produktes im Mittelpunkt steht. So kommt hierbei der Vermietung und dem Leasing von Produkten große Bedeutung zu. Interessiert sich ein Kunde beispielsweise für die Funktion „Fotokopieren" oder „Drucken", spielt die Neuheit des Produktes eine untergeordnete Rolle, solange dieses fehlerfrei funktioniert und auf dem neusten Stand der Technik ist.

2. Wiederverwendung von Modulen

Besteht keine Möglichkeit der Wiederverwendung des kompletten Produktsystems, so bietet sich nun die Wiederverwendung der bei der Demontage anfallenden Module an. Beispiel hierfür wäre die Wiederverwendung eines Türmoduls eines Automobils. Nach einer Überprüfung und eventuellen Herstellung der Funktionstüchtigkeit können Module als Ersatzteile in den Produkten Anwendung finden, für die sie ursprünglich hergestellt wurden. Zur Vermarktung solcher Module ist die Erschließung von Ersatzteilmärkten denkbar. Darüber hinaus können Alt-Module in Neuprodukte eingesetzt werden. An dieser Stelle ist das Problem der Informationsgewinnung über Qualität, Herkunft und Einsatzmöglichkeiten von Modulen nicht zu vernachlässi-

---

141 Es besteht außerdem die Möglichkeit der organisierten Wiederverwendung im Sinne eines Wegrüstens. Beispiel hierfür wäre das Verschenken von Computern in Entwicklungsländer.
Ein anderes Beispiel betrifft die Vermarktung von Gebrauchtgeräten: Die Telekom bedient sich einer zentralen Aufbereitungsstelle, um ausgediente Telefongeräte aufzuarbeiten und erneut zu vermarkten. Finden die Geräte aufgrund des veralteten Designs auf dem deutschen Markt keine Käufer mehr, werden diese nach Osteuropa oder in die Türkei verkauft. Vgl. Wilke, B. C./Jorden, W. (1994), S. 33.

gen. Denkbar wäre der Aufbau einer *Modulbörse*, bei der Angebote und Nachfragen nach Modulen gesammelt und veröffentlicht werden.
Diese Form der Wiederverwendung ist vor allem sinnvoll bei Modulen, die relativ langen Innovationszeiten unterliegen, wie es z.B. bei einem E-Motor der Fall ist.[142]

3. Wiederverwendung von Produkteinzelteilen

Ebenso wie den Modulen kommt den Produkteinzelteilen beim Recycling von modularen Produktsystemen die Funktion der Ersatzteile zu. Es besteht auch hier die Möglichkeit des Einsatzes von Second-Hand-Teilen in neuen Produkten.

Als Vorbild für die Wiederverwendung alter Module und Teile kann Rank Xerox dienen. Dort werden ausgediente Kopierer nicht mehr verschrottet, sondern demontiert, zerlegt, gereinigt und zu neuen Kopierern zusammengebaut. Falls notwendig, werden einzelne Komponenten repariert und aufgearbeitet, veraltete Komponenten werden ersetzt, falls technologischer Fortschritt stattgefunden hat. Auf diese Weise werden neue Kopierer hergestellt, die zu 80% auf Altteilen und zu 20% auf neuen Komponenten basieren.[143]

Können weder Produktsysteme noch Module oder Teile ihrem Erstzweck entsprechend wiederverwendet werden, besteht die Möglichkeit der Weiterverwendung.

b) Beitrag der Modularität zur Weiterverwendung
Analog zur Wiederverwendung können bei der Weiterverwendung ebenfalls drei Alternativen unterschieden werden.

1. Weiterverwendung des kompletten Produktsystems

Bei dieser Form des Recycling werden die Produkte zwar erneut eingesetzt, jedoch ist der Einsatzzweck ein anderer. Für die Produkte findet - eventuell nach kleinen Umbauten - ein Nutzungswechsel statt. Zur Verdeutlichung werden drei Beispiele genannt:[144]
- Ölverschmutzungen im Ärmelkanal werden mit einer Flotte von DC3-Flugzeugen (Kursflugzeuge der 40er Jahre), die auf einem Flughafen im Landesinnern für Sprühflüge bereitstehen, bekämpft.
- Seit 1970 verwenden die französischen, kanadischen und amerikanischen Zivilschutzorganisationen zu Wasserbombern umfunktionierte DC6-Flugzeuge (Baujahr 1946, Außerdienststellung im Linienverkehr Anfang der

142 Vgl. Milberg, J./Dieterle, A. (1993), S. 42.
143 Vgl. hierzu Stahel, W. R. (1994), S. 67.
144 Vgl. Stahel, W. R. (1991), S. 77.

60er Jahre, Fassungsvermögen 11.000 Liter Wasser) bei der Bekämpfung von Waldbränden und Großfeuern.
- Die Leistungsfähigkeit von Lokomotiven wird über einen langen Zeitraum aufrechterhalten, indem diese nach und nach Aufgaben von sinkender Bedeutung erhalten, wobei gleichzeitig das Risiko des Ausfalls vermindert wird. Nach dem Einsatz als Schnellzug wird eine Lokomotive zunächst als Güterzug, dann als Ersatzdienst und schließlich beim Rangierdienst genutzt.

2. Weiterverwendung von Modulen

Die ursprüngliche Funktion des Moduls bleibt hier zwar erhalten, doch findet dieses in Produkten mit vom Erstzweck abweichender Gesamtfunktion Anwendung. Beispiel hierfür ist die Verwendung des Gehäusemoduls eines Fernsehapparates als dekorativer Aquariumbehälter für Fische.

3. Weiterverwendung von Produkteinzelteilen

Relativ unproblematisch ist die Weiterverwendung von Produktteilen, da die mit ihnen verbundenen Funktionen bei vielen Produkten, die nicht dem Erstzweck entsprechend gestaltet sind, nützlich sind. Beispiel hierfür sind Dichtungen, Schrauben, Kabel oder Nägel, die aufgrund ihrer allgemeinen Funktion zur Herstellung von neuen Produkten oder zur Reparatur von Produkten gebraucht werden können.

Zusammenfassend betrachtet kann die Modularität bei den Verwendungsformen des Recycling erheblich zur Nutzungsdauerverlängerung von Produkten, Modulen oder Einzelteilen und damit zur Abfallverringerung beitragen. Aufgrund der Kompatibilität der Schnittstellen auf Produkt-, Modul- und Teileebene kann gewährleistet werden, daß sich Produktkomponenten in neuen Produkten problemlos wieder- oder weiterverwenden lassen. Dadurch wird mit Hilfe von Reparaturen oder verfügbaren Ersatzteilen das „pars pro toto"-Syndrom[145] - das frühzeitige Wegwerfen eines Produktes - verhindert.
Charakteristisch für die Verwendungsformen ist die Beibehaltung der jeweiligen Gestalt der Teile, Module oder Produktsysteme. Kann ein Recycling ohne Veränderung der Produktgestalt nicht stattfinden, müssen die Formen der Verwertung herangezogen werden.

145 Zum pars-pro-toto-Syndrom vgl. Stahel, W. (1991), S. 80 f.

5.5.2.3.2. Beitrag der Modularität zu den Verwertungsformen

Bezüglich der Verwertungsformen sind die Wieder- und Weiterverwertung für modulare Produktsysteme zu unterscheiden, wobei die stoffliche Verwertung der Komplettprodukte, Module oder Teile stattfindet.

a) Beitrag der Modularität zur Wiederverwertung
Wiederverwertung kommt vor allem dann in Betracht, wenn alle Möglichkeiten der Verwendung ausgeschöpft worden sind. Sie bedeutet die Auflösung der Produktgestalt unter der Rückgewinnung von Rohstoffen, die wieder im gleichen Produktionsprozeß eingesetzt werden.
Bei dieser Art des Recycling steht die Art der verwendeten Materialien im Mittelpunkt. Besonders bei Modulen oder Produktteilen, die werkstoffhomogen sind bzw. aus sortenreinen Stoffen bestehen, ist die Wiederverwertung erfolgreich.
Problematisch sind Materialienmix bzw. Verbundstoffe innerhalb der Module oder die Verwendung von Sonderstoffen, so daß eventuell einzelne stoffliche Teile herausgetrennt und unterschiedlichen Verwertungsprozessen zugeführt werden müssen. Der modulare Strukturaufbau kann dabei unterstützend wirken.

b) Beitrag der Modularität zur Weiterverwertung
Weiterverwertung entspricht dem Auflösen der Produktgestalt zur Rückgewinnung von Rohstoffen, die in einem anderen Produktionsprozeß eingesetzt werden.[146] Hier ist die Modularität aufgrund der leichten und wirtschaftlichen Trennbarkeit der verschiedenen stofflichen Module und Teile vorteilhaft. Die dabei anfallenden recyclierten Stoffe können als Sekundärrohstoffe auf Altstoffmärkten wie Abfall- und Wertstoffbörsen bzw. über Umwelt-Informationssysteme[147] angeboten werden.

Es kann das Fazit gezogen werden, daß das Materialrecycling durch die Anwendung der Modulbauweise aufgrund der Demontierbarkeit von Produktsystemen und ihre Trennbarkeit in sortenreine Stofffraktionen begünstigt wird.[148]

---

146 Als erster deutscher Automobilhersteller setzt die Adam Opel AG seit 1990 recycelte Kunststoffe in der Neuwagenproduktion ein. Gesammelte Batteriegehäuse und Stoßfänger aus Polypropylen finden nach ihrer Regranulierung z.B. als Radhausverkleidungen und Luftfiltergehäuse in neuen Fahrzeugen Verwertung. Vgl. Adam Opel AG (1994).

147 Zur Abfallbörse und zu Umwelt-Informationssystemen vgl. beispielsweise Dyckhoff, H./Darmstädter, A./Soukal, R. (1994), S. 1074 ff. und Kleinaltenkamp, M. (1985), S. 188 ff.

148 Vgl. Stahel, W. (1991), S. 80.

5.5.2.3.3. Hierarchie der Recyclingformen

Der Beitrag der Modularität bei den Verwendungsformen beruht hauptsächlich auf einer Lebensdauerverlängerung und dem Werterhalt des gesamten Produktes oder einzelner Module bzw. Teile. Aufgrund der Eigenschaften der Modularität - leichte Demontierbarkeit, Reparierbarkeit, Aufrüstbarkeit und Anpassungsfähigkeit an neue Anforderungen oder technischen Fortschritt - ist das Potential von modularen Produktsystemen bei der Wiederverwendung auf Produkt-, Modul- oder Teileebene besonders hoch. Beim Recycling von modularen Produktsystemen sollten die Möglichkeiten der Verwertung erst dann in Betracht gezogen werden, wenn alle Verwendungsalternativen ausgeschöpft worden sind. Da die Wieder- und Weiterverwendung nicht endlos durchgeführt werden kann, sind irgendwann die Formen der Verwertung von Relevanz, bei denen die stoffliche Verwertung am Ende des Lebenszyklusses im Mittelpunkt steht. Existiert keine Möglichkeit, Verwertungen vorzunehmen, kommen thermische Verwertung, Deponierung oder die Entsorgung als Sonderabfall in Frage.

Die Formen des Recycling können hinsichtlich dem Beitrag der Modularität hierarchisch geordnet werden, womit in absteigender Art und Weise der Erhalt einmal erreichter Wertschöpfungen bzw. die Nutzungsdauerverlängerung, die Verringerung der Abfallmengen und die Einsparung von Rohstoff- und Energieressourcen verdeutlicht werden soll.

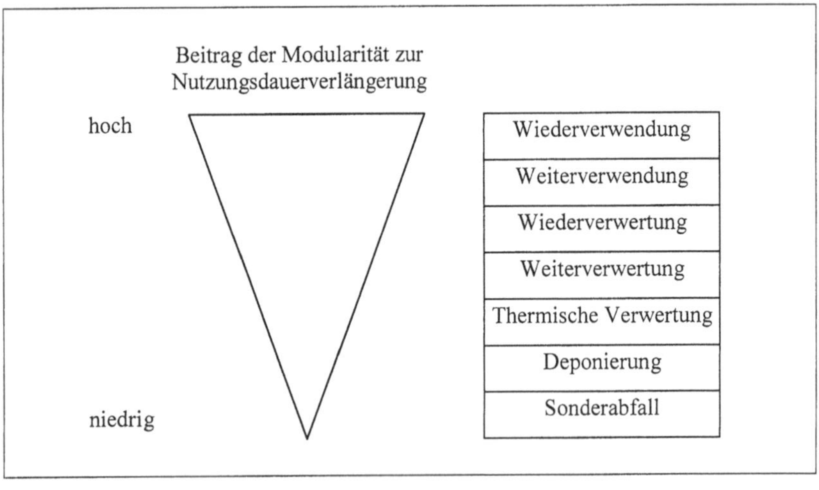

Abbildung 5.10: Hierarchie der Recyclingformen[149]

149 In Anlehnung und Erweiterung an Keimeier, S. (1995), S. 52.

Die Hierarchie der Recyclingformen - Verwendung vor Verwertung - sollte so genutzt werden, daß der Stofffluß einer Kreislaufführung so weit wie möglich angenähert wird. Durch die Verwendungsformen werden Abfälle vermieden und dadurch die Stoffströme von der Herstellung zur Entsorgung verlangsamt; bei den Verwertungsformen werden Abfälle vermindert.[150] Durch die Wieder- und Weiterverwendung kompletter Module und Teile können hochwertige Produkte in den Wirtschaftskreislauf zurückgeführt werden.

5.5.3. Modularität als ökologisches Gestaltungsprinzip

In der Literatur wurde die Modularität im Sinne der Baukastenbauweise bislang nur als technisches und ökonomisches Gestaltungsprinzip untersucht.[151] Nun soll diese Betrachtung um die Sichtweise der Modularität als ökologisches Gestaltungsprinzip erweitert werden.
Unternehmen sehen sich zunehmend aufgrund von gesetzlichen Rahmenbedingungen und gestiegenem Umweltbewußtsein in der Bevölkerung mit ökologischen Aspekten im Rahmen der Unternehmensführung konfrontiert. Dazu zählen beispielsweise die Reduzierung von Umweltbelastungen im Sinne von Verringerung der Abfallmengen und Schonung der Ressourcen. In bezug auf modulare Produktkonzepte können solche Aspekte in Form einer modularen und ökologisch verträglichen Produktgestaltung umgesetzt werden.[152]
Besonders die bei der Produktion von modularen Produktsystemen eingesetzten Werkstoffe sind von großer Bedeutung für den Erfolg des Reduktionsprozesses, für die Rückführung von Sekundärrohstoffen in den Wirtschaftskreislauf. Je besser Produktions- und Reduktionsprozesse zusammenspielen, desto erfolgreicher läßt sich die Reduktionswirtschaft[153] durchführen. Als Teilbereich der Reduktionswirtschaft sind Recyclingprozesse von großer Wichtigkeit. Die Recyclingformen Wieder- und Weiterverwendung bzw. Wieder- und Weiterverwer-

---

150 Vgl. Stahel, W. (1994), S. 61.

151 Vgl. Kapitel 4.1.

152 Als Beispiel eines Produktsystems, das sowohl die technische und ökonomische als auch ökologische Dimension der Modularität vereinigt, kann das switch-haus-Konzept herangezogen werden. Das flexible Konzept läßt den Bauherrn aus über 200 Hausvarianten auswählen: Haustypen mal mit Wintergarten, mal mit Carport, mal mit Sattel- oder Pultdach usw. sind möglich. Auch stehen verschiedene Baumaterialen zur Auswahl (Ziegel-, Holz- oder Ziegel-Holz-Bauweise). Wiederkehrende Elemente wie z.B. Außen-, Fenster- und Innenwandbauteile sowie standardisierte Treppen oder Naßzellen wirken kostensenkend. Zusätzlich steht die Ökologie und Baubiologie im Vordergrund, denn das switch-haus ist als Niedrigenergiehaus konzipiert. Vgl. hierzu Pittrich, W. (1996), S. 16 ff.

153 Zur Reduktionswirtschaft als Komplement zur Produktionswirtschaft vgl. Liesegang, D. G. (1993), S. 390 f.

tung „... sollten tendenziell so angewandt werden, daß ... der Stofffluß einer Kreislaufführung so weit wie möglich angenähert wird.“[154]
Dies bedeutet eine Neuausrichtung der Produktkonzeption, in die die ökologische Produktgestaltung integriert werden muß, wobei es Ansätze zur umwelt- und entsorgungsfreundlichen Gestaltung komplexer Produkte zu berücksichtigen gilt, die in der nachstehenden Tabelle aufgeführt sind.

Ansätze zur umwelt- und entsorgungsfreundlichen Gestaltung komplexer Produkte
1) Werkstoffminimierung 2) Vermeidung von bestimmten Beschichtungen, Zusätzen und Verbundwerkstoffen 3) Schadstoffarme Werkstoffauswahl 4) Wiederverwendung einzelner Bauteile 5) Reduktion der Bauteile 6) Minderung der Werkstoffvielfalt 7) Lebensdauererhöhung 8) Demontagefreundlichkeit 9) Bauteile- und Gerätekennzeichnung 10) Werkstoffkennzeichnung 11) Recyclingfreundliche Werkstoffe und Bauteile 12) Vermeidung von Verpackungen und Verwendung von recyclingfähigem oder biologisch abbaubarem Material

Tabelle 5.5: Ansätze zur umwelt- und entsorgungsfreundlichen Gestaltung komplexer Produkte[155]

Mit Hilfe der Modularität als technisches und ökonomisches Gestaltungsprinzip lassen sich einige der oben genannten Ansätze zur umwelt- und entsorgungsfreundlichen Gestaltung allein durch die modulare Produktstruktur verwirklichen, ohne zunächst die Umweltfreundlichkeit des eingesetzten Materials zu berücksichtigen. Dies betrifft die folgenden der oben genannten Ansätze:

154 Kreibich, R. (1994), S. 17.
155 In Anlehnung an IZT Berlin, zitiert bei Kreibich, R. (1994), S. 17.

4) Wiederverwendung einzelner Bauteile
   Die modulare Produktgestaltung beruht auf Modulen, die leicht ausgebaut und wiederverwendet werden können.
5) Reduktion der Bauteile
   Durch Modularisierung werden Funktionen in einem Modul zusammengefaßt unter gleichzeitiger Verwendung genormter Funktionseinheiten, wodurch Programm- und Nutzungsvarianten reduziert werden.[156]
7) Lebensdauererhöhung
   Die Modulbauweise ermöglicht aufgrund der Reparatur-, Wartungsfreundlichkeit und Nachrüstbarkeit eine Lebensdauererhöhung auf Produkt-, Modul- und Teileebene.[157]
8) Demontagefreundlichkeit
   Modulare Produktsysteme sind aufgrund der standardisierten Schnittstellen demontagefreundlich.[158]
9) Bauteile- und Gerätekennzeichnung
   Die einzelnen Module und Teile können hinsichtlich ihrer Entsorgungseigenschaften gekennzeichnet werden.
10) Werkstoffkennzeichnung zur leichteren Verwertung
   Durch die Markierung des Moduls in Form eines Barcodes oder eines elektronischen Speicherchips können die Werkstoffe bei der Entsorgung erkannt und verwertet werden.

Die Modularität als technisches und ökonomisches Gestaltungsprinzip ermöglicht die Umsetzung eines großen Teils der Anforderungen an eine entsorgungs- und umweltfreundliche Produktgestaltung.
Wird nun zusätzlich die Auswahl von umweltverträglichen Werkstoffen bei der Konzeption und Entwicklung von modularen Produktsystemen berücksichtigt, können die restlichen Anforderungen erfüllt werden:

1) Werkstoffminimierung
   In allen Modulen ist der Werkstoffeinsatz zu minimieren.
2) Vermeidung von bestimmten Beschichtungen, Zusätzen und Verbundwerkstoffen
   Innerhalb von Modulen sollten Verbundwerkstoffe gänzlich vermieden werden, um bei der Verwertung die Module in sortenreine Stofffraktionen zerlegen zu können.
3) Schadstoffarme Werkstoffauswahl
   Die Umgehung von Schwermetallen, halogenisierten Materialien, formaldehydhaltigen Holz- und Kunststoffen und konventioneller Lacke ist notwendig.[159]

---

156 Vgl. Kreibich, R. (1994), S. 18.
157 Vgl. Kreibich, R. (1994), S. 18.
158 Vgl. Kapitel 5.5.1.
159 Vgl. Kreibich, R. (1994), S. 18.

6) Minimierung der Werkstoffvielfalt
In einem Modul sind so wenig unterschiedliche Werkstoffe wie möglich einzusetzen.[160]

11) Recyclingfreundliche Werkstoffe und Bauteile
Einsatz von hochwertigen Werkstoffen bei modularen Produktsystemen, die möglichst mehrfach wieder- und weiterverwendet werden können und für die Werkstoffverträglichkeit nachgewiesen ist.[161]

12) Vermeidung von Verpackungen und Verwendung von recyclingfähigem oder biologisch abbaubarem Material
Verwendung von rezyklierbarem Verpackungsmaterial, z.B. aus nachwachsenden Rohstoffen und Einsatz von wiederverwendbaren Mehrweg-Behältern.[162]

Ansätze zur umwelt- und entsorgungsfreundlichen Gestaltung komplexer Produkte	Realisierung durch Modularität als techn. und ökonom. Gestaltungsprinzip	Realisierung durch Modularität als techn., ökonom. **und** ökolog. Gestaltungsprinzip
1) Werkstoffminimierung	-	X
2) Vermeidung von bestimmten Beschichtungen, Zusätzen und Verbundwerkstoffen	-	X
3) Schadstoffarme Werkstoffauswahl	-	X
4) Wiederverwendung einzelner Bauteile	X	X
5) Reduktion der Bauteile	X	X
6) Minderung der Werkstoffvielfalt	-	X
7) Lebensdauererhöhung	X	X
8) Demontagefreundlichkeit	X	X
9) Bauteile- und Gerätekennzeichnung	X	X
10) Werkstoffkennzeichnung	X	X
11) Recyclingfreundliche Werkstoffe und Bauteile	-	X
12) Vermeidung von Verpackungen und Verwendung von recyclingfähigem oder biologisch abbaubarem Material	-	X

Tabelle 5.6: Erfüllung der Ansätze zur umwelt- und entsorgungsfreundlichen Produktgestaltung durch Modularität als technisches, ökonomisches und ökologisches Gestaltungsprinzip

160 Diesem Ansatz entspricht die Einstoffregel der Maßnahmen zum recyclinggerechten Konstruieren: „Soweit möglich, ist ein Produkt aus einem einzigen rezyklierfähigen Werkstoff herzustellen; zumindest aber ist die Anzahl verschiedener Werkstoffe möglichst klein zu halten.“ Weege, R.-D. (1981), S. 66. Vgl. auch Türck, R. (1990), S. 218.

161 Vgl. Kreibich, R. (1994), S. 19.

162 Vgl. Kreibich, R. (1994), S. 19.

In Verbindung mit einer ökologischen Produktgestaltung können modulare Produktsysteme alle Ansätze zur umwelt- und entsorgungsfreundlichen Gestaltung komplexer Produkte erfüllen, wie in der obigen Tabelle dargestellt ist.

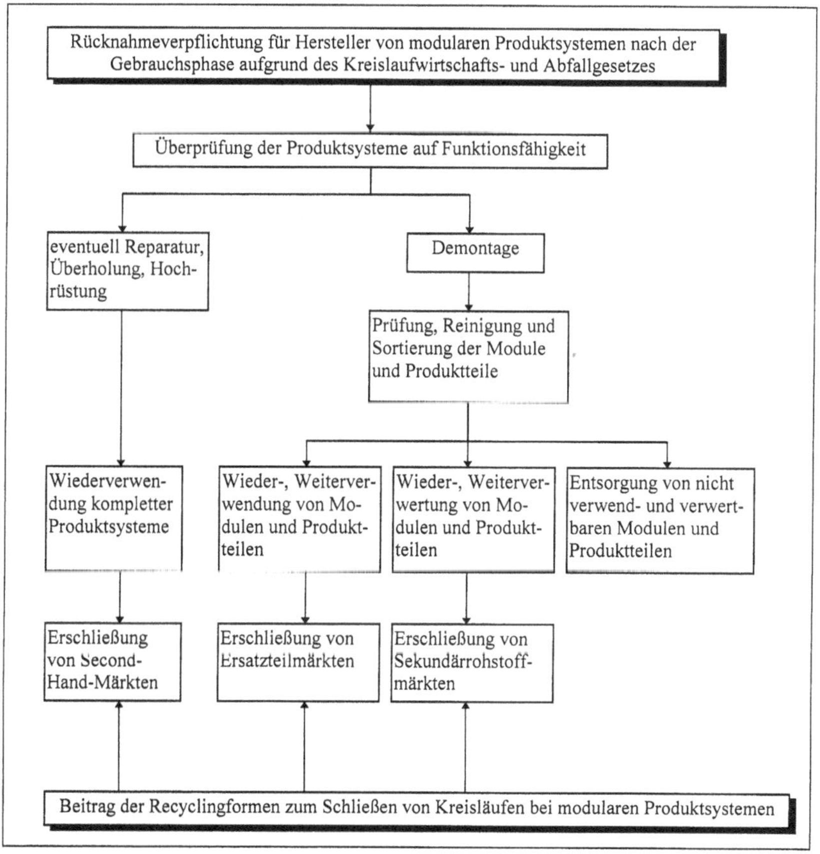

Abbildung 5.11: Zusammenfassende Darstellung der Entsorgungsphase von modularen Produktsystemen

Zusammenfassend wirkt sich die Auswahl der Werkstoffe auf die Modularität als ökologisches Gestaltungsprinzip vor allem dann aus, wenn die Produktkonzeption unter dem Aspekt der Werkstoffkompatibilität und der Demontagefreundlichkeit recyclingbewußt ausgerichtet ist. Es wurden beispielsweise Module für PKW-Scheinwerfer entwickelt, deren Bestandteile verträgliche Polymere sind. Die verschiedenen Kunststoffe müssen beim Demontieren nicht mehr getrennt werden. Nach dem Mahlen erfolgt die Verarbeitung zu Kunst-

stofflegierungen und die Aufbereitung zu Recyclattypen, die dann zur Produktion der Kfz-Beleuchtung eingesetzt werden.[163] Ist der Einsatz unverträglicher Werkstoffe in einem Modul nicht umgehbar, so sollten diese möglichst konzentriert und leicht erreichbar angeordnet sein. Die Wichtigkeit der Auswahl der Werkstoffe macht deutlich, daß bereits mit der Produktkonzeption und -entwicklung das Potential der Recyclingprozesse und der Erfolg hinsichtlich der Rückführung von Werkstoffen in den Wirtschaftskreislauf festgelegt wird.
In der obigen Abbildung ist die Entsorgungsphase für modulare Produktsysteme zusammengefaßt.

5.6. Mehrfache Zyklen und Weiterentwicklungen

Bislang wurden die Stationen eines Produktlebens eines einzelnen modularen Produktsystems aufgezeigt. Gegenstand der folgenden Betrachtung soll nun die Auswirkung der Modularität auf mehrfache Zyklen sein. Unter mehrfachen Zyklen sollen einerseits die Produktlebenszyklen von Produktfamilien - dort verlaufen mehrere Produktlebenszyklen zeitlich „parallel" - und andererseits die Produktlebenszyklen von Produktgenerationen, die zeitlich „hintereinander" erfolgen, verstanden werden.

5.6.1. Modularität in Produktfamilien

Modulare Produktsysteme lassen sich für unterschiedliche Zielgruppen, die angesprochen werden sollen, variabel gestalten. Je nach Kundenanforderungen kann das Produkt durch Auswahl von Modulen aus einem gegebenen Baukasten zusammengestellt werden. Durch die Eigenschaft der Modularität lassen sich viele Kunden mit differenziert gestalteten Produkten ansprechen, da die Produkte jeweils individuell mit optimaler Qualität anpaßbar sind.[164] So können unterschiedliche Produktvarianten am Markt angeboten werden, die aufgrund ihrer Verwandtschaftsbeziehungen eine Produktfamilie bilden.[165] Die Verwandtschaft innerhalb einer Produktfamilie beruht auf der Anwendung des gleichen konstruktiven, modularen Prinzips bei den Produktvarianten, die sich in ihrer Konstruktion stark ähneln und sich nur in Teilfunktionen unterscheiden. Die Modularität innerhalb einer Produktfamilie ermöglicht ein hohes Maß an Gleichteileverwendung und Steigerung der Verwendungshäufigkeit von Modulen. Produktprogramme können durch Modularität auf wirtschaftliche Art und Weise beliebig in der Breite ausgedehnt werden.

---

163 Vgl. Schreiber, L. P. (1997), S. 15.

164 Vgl.Haedrich, G./Tomczak, T. (1996), S. 31.

165 „Eine Produktfamilie umfaßt mehrere Produkte (Varianten), die bestimmte Verwandtschaftskriterien erfüllen." Walter, U. (1996), S. 13 (Hervorhebungen des Originals sind nicht berücksichtigt).

Durch die Anpaßbarkeit des modularen Produktprogramms an verschiedene Kundenwünsche ist in diesem Zusammenhang die Modularität für die Produktdifferenzierung und -variation von großer Bedeutung. Besonders mit Hilfe der Produktdifferenzierung ergeben sich deutliche Wettbewerbsvorteile für das anbietende Unternehmen.[166]
So kommt der Modularität innerhalb von Produktfamilien eine erhebliche Relevanz als temporäre Dimension zu, da sie für die zu einem bestimmten Zeitpunkt am Markt feststellbare Produktvielfalt verantwortlich ist.

Am Beispiel der deutschen Airbus AG soll die Modularität bei Produktfamilien verdeutlicht werden. Vor allem in der Flugzeugindustrie ist es sinnvoll, nicht nur ein einzelnes Produkt zu entwerfen, sondern eine komplette Produktlinie, die Schritt für Schritt realisiert wird. Angeboten werden Flugzeuge in „Familien". Je nach Bedarf können die Fluggesellschaften aus Kurz-, Mittel- oder Langstreckenflugzeugen auswählen. Einige Strukturelemente, wie beispielsweise Fußbodenelemente oder Anschlußwinkel kehren immer wieder. In einem neuen Flugzeug sind z.B. das Cockpit oder die Flügel bereits in Testflugzeugen oder als Austauschteile bei bestehenden Flugzeugen geflogen. Voraussetzung hierfür ist die Planung einer Produktfamilie unter modularen Gesichtspunkten. Im Entwurfsprozeß muß zwischen der Optimierung des aktuellen Flugzeugs und dem Einfügen von Weiterentwicklungen abgewogen werden.[167]
Bei Airbus sind z.B. die Modelle A320, A321 und A340 baugleich bezüglich des Cockpits. Alle drei Maschinen können daher im Flottenverband als ein Flugzeug betrieben werden. Vorteil ist die „Crew Commonality", die beinhaltet, daß die Piloten auf allen diesen Maschinen fliegen dürfen und somit zwischen Mittel- und Langstrecke wechseln können. Kostenintensive Umschulungen können dadurch vermieden werden.[168]

5.6.2. Modularität in Produktgenerationen

Immer kürzer werdende Produktlebens- und Technologiezyklen, verbunden mit einem beschleunigten Marktwandel, machen eine schnelle Entwicklung und flexible Anpassung von Produkten erforderlich.[169]
Bei einer Betrachtung der Produktvielfalt zu unterschiedlichen Zeitpunkten lassen sich Veränderungen in der Zusammensetzung der Vielfalt feststellen, die beispielsweise auf neuen Bedarfsstrukturen oder neuen technologischen Entwicklungen beruhen. So ist die Produktvielfalt im Zeitablauf einem Anpassungsdruck ausgesetzt. Beobachtet man die Entwicklung von modularen Produktgenerationen über die Zeit, läßt sich eine Ähnlichkeit mit der Evolution der

166 Vgl. Sabisch, H. (1996), Sp. 1444 f.
167 Vgl. Deutsche Airbus (1991), S. 8 ff.
168 Vgl. Hluma, M. (1995), S. 21 f.
169 Vgl. Schmelzer, H. J./Buttermilch, K.-H. (1988), S. 43.

Natur feststellen. Dort ist es möglich, daß beispielsweise Lebewesen durch das Ergebnis der Mutation besser an die Lebensbedingungen angepaßt sind. Die Angleichung an geänderte Lebensbedingungen und die daraus resultierende Überlebensfähigkeit geschieht in kleinen Schritten. Übertragen auf den Produktbereich kann die Hypothese aufgestellt werden, daß Produkte evolutionsfähig und veränderbar sein müssen, wenn sie am Markt bestehen sollen.[170] Entspricht eine Produktgeneration nicht mehr den Anforderungen des Marktes, besitzt sie keine Überlebenschancen, wenn sie sich an die geänderten Rahmenbedingungen nicht anpassen kann. Ändert sich z.B. der Stand der Technik, bestehen Produktgenerationen, die diesen Stand nicht halten können, nicht mehr im Wettbewerb, da sie veraltet sind. Der neuste Stand der Technik betrifft jedoch im seltensten Fall das komplette Produkt. Vielmehr wird sich der technische Fortschritt in Teilstrukturen des Produktes bzw. in Komponenten niederschlagen. Es wird nie notwendig sein, das komplette Produkt zu erneuern. Aufeinanderfolgende Produktgenerationen unterscheiden sich nicht vollständig, sie sind sich im Gegenteil recht ähnlich, weil sie sich nur bezüglich einzelner Produktteile unterscheiden.[171] Die Weiterentwicklung von Produktgenerationen verläuft aufgrund des technischen Fortschritts nicht in allen Produktteilen gleich schnell. So werden die Mikroprozessoren in Computern schneller veralten als beispielsweise die Bildschirme. Besitzen Produktgenerationen die Eigenschaft der Modularität, sind sie besonders evolutionsfähig und an Veränderungen aus dem Umfeld anpaßbar. Sie haben als intertemporäre Dimension eine evolutive Anpaßbarkeit. Die offen angelegte, modulare Produktstruktur erlaubt Erweiterungen und den Austausch veralteter Module. Eine Produktgeneration muß also nicht durch eine komplett neue Produktgeneration ersetzt werden, vielmehr findet die Anpassung auf Baugruppen- bzw. Teileebene statt. Durch diesen Effekt sind bei modularen Produktgenerationen schnelle Generationswechsel mit kürzeren Entwicklungszeiten möglich, da bewährte, ausgereifte Module auch in neuen Produktgenerationen Anwendung finden.

5.6.2.1. Auswirkungen auf den Entwicklungsprozeß

Der Schwerpunkt von Produktentwicklungen liegt oft nur auf der Erfüllung der aktuellen Bedürfnissituation von potentiellen Abnehmern, so daß bei deren Veränderung vollkommen neue Produkte von Grund auf entwickelt werden, wodurch der Prozeß der Produktentwicklung einen einmaligen Projektcharakter erhält.[172] Ständig „das Rad neu zu erfinden“ kostet jedoch Zeit und Geld und kann Ursache für den Verlust von Wettbewerbsvorteilen sein. Mit der Entwicklung modularer Produktkonzepte können sowohl bei in Einzel- als auch in Serienfertigung hergestellten Produkten der Neuartigkeitscharakter der Produkte

170 Vgl. Sliwka, M. (1992), S. 89.
171 Vgl. Liesegang, D. G. (1992), S. 97 f.
172 Vgl. Liesegang, D. G. (1992), S. 94.

verringert und die Produktentstehungsprozesse rationalisiert werden, da die Ähnlichkeiten der Produktgenerationen auf Modul- und Teileebene ausgenutzt werden können. Die Produktentwicklung besteht dann nicht mehr aus einem völlig neuen Prozeß, sondern sie läßt sich aufteilen in Wiederholprozesse für diejenigen Module, die auch in der nächsten Produktgeneration Anwendung finden, und in Neuschöpfungs- bzw. Änderungsprozesse für Module, die entweder in ihrer Struktur oder bezüglich ihrer Funktion eine Änderung erfahren.
Um den Anteil der Wiederholprozesse am Produktentstehungsprozeß möglichst hoch zu halten, sollte die Entwicklung der ersten modularen Produktgeneration besonders sorgfältig ausgeführt werden. Die Aufgabe der Entwicklung geht dabei über die Berücksichtigung ausschließlich gegenwärtiger Bedürfnisse und Anforderungen hinaus. Vielmehr geht es darum, die dynamischen Veränderungen am Markt in einer strategisch ausgerichteten, entwicklungsfähigen Produktgenerationsstruktur aufzugreifen. Aus ihr resultiert eine stabile, modular aufgebaute Produktarchitektur, die das Hinzufügen und Austauschen von Modulen aufgrund standardisierter Schnittstellen erlaubt und die somit im Lauf der Zeit entwicklungs- und anpaßfähig ist. Durch die Evolutions- und Wandlungsfähigkeit der Produktarchitektur können zum einen unterschiedliche Marktsegmente bedient werden[173] und zum anderen ist es möglich, weitere Generationen aus der ersten Generation zu entwickeln, da das Potential für Weiterentwicklungen bereits in der ersten Produktgeneration angelegt ist.
Nach der anfänglich aufwendigen Entwicklung der ersten Produktgeneration wird durch die Modularität das Bearbeiten von Folgegenerationen vereinfacht, da neue Bedürfnisse des Marktes schnell durch neue Module integriert werden können und bereits ausgereifte Module, die nicht verändert oder verbessert werden müssen, weiterhin im Einsatz bleiben. Dabei sollte die Kompatibilität zwischen Nachfolge- und Vorgänger-Baukasten für den Anwender gewährleistet sein, damit alte Module aus dem alten Baukasten ausgebaut und in den neuen eingebaut werden können.[174] Da nicht mehr das komplette Produkt sondern nur noch einzelne Module, die einer Veränderung unterliegen, entwickelt und konstruiert werden müssen, verkürzen sich die Entwicklungszeiten für Folgegenerationen, wodurch sich die Time-to-market[175] entscheidend verringert.

173 Vgl. Castiglioni, E. (1994), S. 176.
174 Vgl. Endler, D. (1994), S. 99.
175 Die Time-to-market gilt als eine der wichtigsten Effizienzvariablen im Rahmen der Produktentwicklung. Vor allem bei kurzen Produktlebenszyklen ist sie eine bedeutende Größe für den Innovationserfolg. Vgl. hierzu Euringer, C. (1995), S. 29 f. und S. 111 und Schmelzer, H. J./Buttermilch, K.-H. (1988), S. 44.

5.6.2.2. Auswirkungen auf die Produktion

Durch die modulare Gestaltung lassen sich die Ähnlichkeiten zwischen Produktgenerationen im Rahmen von Produktionsprozessen ausnutzen und Rationalisierungseffekte realisieren. Zum einen reduziert sich durch systematische Modularisierung die Einzelteile- und Baugruppenvielfalt. Demgegenüber erhöht sich die Zahl der Gleichteile in Form von auftragsunabhängigen, vereinheitlichten Modulen, die in Serienproduktion hergestellt werden. Auf der Teile- bzw. Modulebene lassen sich aufgrund größerer hergestellter Mengen von Wiederholteilen Erfahrungskurveneffekte aufbauen. Rationalisierungseffekte ergeben sich somit auch in der Arbeitsvorbereitung. Ein neuer Serienanlauf ist ausschließlich bei solchen Modulen notwendig, die aufgrund einer Veränderung in den Anforderungen neu konstruiert werden. Es kann also eine Entkopplung der Produktion stattfinden, indem auftragsunabhängige Module vorproduziert werden und kundenspezifische Module erst bei entsprechendem Auftragseingang hergestellt werden.
Aufgrund der modularen Gestaltung von Produktgenerationen müssen diese nicht mehr in sukzessiver Einzelfertigung hergestellt werden, sondern durch das Wiederverwenden von Modulen in neuen Generationen können alle Vorteile der Serienfertigung ausgenutzt werden.

5.6.2.3. Integration von Innovationen

Mit Produktinnovationen verfolgen Unternehmen unter anderem die Sicherung der Überlebensfähigkeit, die Verbesserung des Gewinns, die Steigerung des Marktanteils und die Pflege des Kundenstamms.[176]
In der Automobilindustrie wurde gezeigt, daß eine Reduktion der Modellaufzeiten mit einem geringen Innovationszuwachs einhergeht. Aufgrund dieses Zusammenhangs ließ sich eine sinkende Akzeptanz der Modelle am Markt feststellen.[177] Daraus folgerte man, daß mit längeren Modellzyklen längere Entwicklungszeiten zur Verfügung stehen und daraus ein höherer Innovationsgehalt einer Fahrzeuggeneration folgt.[178] Bei Produktgenerationen, die modular aufgebaut sind, sind jedoch kürzere Produktlebenszyklen und Entwicklungszeiten nicht gleichbedeutend mit Innovationsverlust. Durch modulare Prinzipien ist es möglich, trotz kurzer Entwicklungszeiten das innovative Anforderungsniveau auch in neuen Generationen zu halten. Sie sind deshalb innovationsfähig und -bereit. Mit Hilfe von modularen Prinzipien läßt sich eine „... Innovation quasi im Handumdrehen realisieren.“[179] Beispiel hierfür ist der PC, der durch einen kurzen Lebenszyklus und aufgrund des schnellen technischen Fortschritts durch

---

176 Vgl. Thom, N. (1992), S. 8.
177 Vgl. Diez, W. (1990), S. 268 f.
178 Vgl. Diez, W. (1990), S. 273.
179 Deutsch, C. (1994), S. 109.

eine hohe Innovationsrate gekennzeichnet ist. Ist ein PC modular aufgebaut, kann seine Leistungsfähigkeit dem neusten Stand der Technik entsprechend durch den Austausch des Prozessors angepaßt werden. Das Anpassungs- und Evolutionspotential von modularen Produktgenerationen wird jetzt besonders deutlich. Durch die Selbständigkeit und Unabhängigkeit der Module untereinander ist eine Weiterentwicklung bzw. die Integration von Innovationen und technischem Fortschritt problemlos möglich.
In der Produktgestaltung verwirklichte modulare Prinzipien können so ein Garant für langfristigen Erfolg am Markt für Unternehmen sein.

In diesem Kapitel wurden die einzelnen Stationen eines modularen Produktsystems während des Produktlebens und mögliche Wirkungen in einzelnen Funktionsbereichen des Unternehmens aufgezeigt. Im folgenden soll an ausgewählten Beispielen die Relevanz von modularen Produktsystemen in der Praxis dargestellt werden.

6. Modulare Produktsysteme in der Praxis

In diesem Kapitel sollen verschiedene Anwendungsbereiche von modularen Produktsystemen in der Praxis aufgezeigt werden. An ausgewählten Beispielen[1] werden die im theoretischen Teil erläuterten Kriterien modularer Produktsysteme überprüft, indem nach einer kurzen Beschreibung des Produktsystems und der Module ein Kriteriencheck vorgenommen wird.

Zunächst wird dem jeweiligen zu untersuchenden Produktsystem entweder eine schwache oder starke Modularität zugeordnet.[2] Darüber hinaus sind die Moduleigenschaften der modular aufgebauten Produktsysteme von Interesse, die sich in der Kombinierbarkeit, Mehrfachverwendbarkeit, Erweiterbarkeit, Austauschbarkeit und Wiederverwendbarkeit der Module ausdrücken.[3] In diesem Zusammenhang ist auch die Schnittstellengestaltung von Bedeutung. Es wird jeweils - sofern möglich - angegeben, ob die Schnittstellen lösbar oder nicht lösbar, horizontal oder vertikal, monofunktional oder polyfunktional, unternehmensintern oder nach Marktstandard, minimal oder mit Überdimensionierung konzeptioniert sind.[4]
Die in den Kriterienchecklisten grau unterlegten Felder kennzeichnen die entsprechend gültigen Ausprägungen der einzelnen Kriterien.

---

1 Die Quellen für die einzelnen Beispiele dieses Kapitels sind dem gesonderten Literaturverzeichnis auf Seite 137 zu entnehmen.

2 *Schwache* Modularität tritt bei Produktsystemen auf, bei denen Module einen vorgesehenen Platz in der Produktsystemstruktur haben, wohingegen *starke* Modularität durch eine freie Kombinierbarkeit der Module untereinander gekennzeichnet ist. Vgl. Abschnitt 4.2.2.

3 Die *Kombinierbarkeit* betrifft die Eigenschaft der Zusammenfügbarkeit der Module. Durch die funktionale Abgeschlossenheit der Module läßt sich *Austauschbarkeit* realisieren. *Mehrfachverwendbarkeit* bedeutet, daß Module in mehreren Produktsystemen eingesetzt werden können. Verantwortlich für die Anpassung des Produktsystems an zukünftige Entwicklungen ist die *Erweiterbarkeit*. Werden ausgebaute Module in andere Produktsysteme eingesetzt, greift die Eigenschaft der *Wiederverwendbarkeit*. Vgl. Abschnitt 4.2.3.1.

4 *Lösbar* bzw. *nicht lösbar* bezieht sich auf die Trennbarkeit der einzelnen Module. Eine *horizontale* Schnittstellengestaltung liegt vor, wenn die Verbindung der Module auf der gleichen Produktsystemebene erfolgt, eine *vertikale* bei Verbindung der Module auf unterschiedlichen Produktsystemebenen. Weiterhin kann eine Schnittstelle nach *unternehmensinternen* Kriterien oder nach *Marktstandard* festgelegt werden. Beinhaltet eine Schnittstelle eine Funktion bzw. mehrere Funktionen, so ist sie *monofunktional* bzw. *polyfunktional*. Bei der Dimensionierung einer Schnittstelle gibt es die Möglichkeit einer exakten oder auch *minimalen* Gestaltung bzw. einer Berücksichtigung von Erweiterungsmöglichkeiten in Form einer *Überdimensionierung*. Vgl. Abschnitt 5.2.2.

6.1. Beispiel 1: Die Variobahn der ABB Henschel AG

Die Variobahn wurde als erste Stadtbahn in Modulbauweise entwickelt. Sie besteht aus den folgenden Wagenmodulen, die sich für den Ein- und Zweirichtungsverkehr zusammenstellen lassen:
- Kopfmodul
- Triebfahrwerkmodul
- Fahrgastmodul
- Lauffahrwerkmodul
- Heckmodul.

Das Kopfmodul kann sowohl für den Einrichtungs- als auch für den Zweirichtungsverkehr verwendet werden. Die Bedien- und Anzeigeelemente sind in einem Pult zusammengefaßt, das individuell gestaltbar ist. Mit dem Kopfmodul ist über eine nicht lösbare Schnittstelle das vordere Triebfahrwerkmodul verbunden. Im Einrichtungsverkehr ist das hintere Triebfahrwerkmodul mit dem Heckmodul, im Zweirichtungsverkehr mit einem weiteren Kopfmodul fest zusammengefügt. Das Fahrgastmodul gibt es in verschiedenen Längen mit ein oder zwei Türen je Einstiegsseite. Zwischen zwei Fahrgastmodulen wird das Lauffahrwerkmodul angebracht, das den Stromabnehmer trägt. Das Heckmodul kommt nur im Einrichtungsverkehr zum Einsatz.
Je nach Bedarf können diese Module zu Zügen verschiedener Länge kombiniert werden. Denkbar ist auch die Zusammenstellung eines Zugverbandes aus mehreren Fahrzeugen. Eine nachträgliche Umrüstung der Module auf den neusten Stand der Technik ist möglich.

Aufgrund der modularen Stadtbahnkonzeption ergibt sich eine Verkürzung der Durchlaufzeit sowie eine einfachere Wartung und Instandhaltung. Die beliebig kombinierbare Variobahn ermöglicht eine Kostensenkung von ca. 25 %. Ein Mischbetrieb von neuen mit alten Fahrzeugen ist unproblematisch, und die Anpassungsfähigkeit an vorhandene Bahnstrukturen ist gewährleistet. So verteilen sich beim Betreiber die Investitionskosten auf größere Zeiträume.

Kriteriencheck bei der modularen Variobahn

Kriterien	Ausprägungen				
Modular im Produktaufbau:	**schwach**		stark		
Moduleigenschaften:	**kombinierbar**	**austauschbar**[5]	**mehrfachverwendbar**	**erweiterbar**	**wiederverwendbar**
Schnittstellengestaltung: zwischen Triebfahrwerk- und Kopf- bzw. Heckmodul	**lösbar**		nicht lösbar		
	lösbar		**nicht lösbar**		
	horizontal		vertikal		
	monofunktional		**polyfunktional**		
	unternehmensintern		Marktstandard		
	minimal		**Überdimensionierung**		

⇓

Wirtschaftliche Auswirkungen

- Vereinfachte Wartung und Instandhaltung
- Verkürzung der Durchlaufzeit
- Reduzierung der Betriebskosten
- Senkung der Herstellkosten

5 Außer beim Triebfahrwerkmodul, das mit dem Kopf- bzw. Heckmodul fest verbunden ist.

6.2. Beispiel 2: Das modulare Lagersystem MANcompact der MAN Logistics GmbH

Das MANcompact ist ein modulares Standardlager, welches aus dem „Katalog“ bestellt werden kann. Die Basiskomponenten oder Module der Standardversion sind
- feststehende Außenregale,
- verschiebbare Innenregale,
- eine offene Bediengasse,
- ein automatisches Regalbediengerät,
- ein Lagerverwaltungs-PC.

Durch die Verschieberegale, auf denen sich Regalpaare befinden, wird ein kompaktes Lagersystem erreicht.

In definierten Grenzen ist das MANcompact in der Lage, sich sowohl an die vorhandenen Gebäudegegebenheiten als auch an das Lagergut anzupassen. Die beweglichen Innenregale sind bis zu einer maximalen Breite erweiterbar, die sich an den Maßen der Europalette orientiert. Lagergüter können bis zu einem Gewicht von 1000 kg bewegt werden. Die Ankopplung an vorhandene EDV-Systeme, Förderanlagen oder Hochregallager ist möglich.
Die einzelnen Standardkomponenten können gemäß den Anforderungen der Zielgruppen, die vorrangig in klein- und mittelständischen Betrieben aus den unterschiedlichsten Branchen, wie z.B. Metallbau, Chemie, Versandhandel, Fahrzeugbau, Maschinenbau und Speditionen, zu suchen sind, kombiniert werden. Auch die Mehrfachverwendbarkeit der einzelnen Basiskomponenten ist gewährleistet. Eine Erweiterbarkeit ist in dem Sinne gegeben, daß das Einzellager in der Breite und Höhe bis zu maximalen Vorgaben, in der Länge unbegrenzt variiert werden kann. Über das Einzellager hinaus ist die Kombination großer Reihenlager oder ein Lagerverbund möglich. Die Austauschbarkeit der Module, z.B. eines defekten Lagerverwaltungs-PCs, und die Wiederverwendbarkeit beispielsweise von Regalsystemen ist denkbar. Somit können die verschiedenen Basiskomponenten jeweils über lösbare Schnittstellen wieder aus dem Lagersystem herausgenommen werden.
Da die einzelnen Module ihren vorgegebenen Platz im Lagersystem haben - wie es beispielsweise für die Außenregale der Fall ist - liegt ein schwach modulares Produktsystem vor.

Gegenüber einer nicht modularen, investitionsintensiven Einzelfertigung eines Hochregallagers, bei dessen Sonderlösungskonstruktionen administrative Folgekosten beispielsweise bei den Stücklisten und Arbeitsabläufen zu berücksichtigen sind, werden mit der Einführung von standardisierten Komponenten die fertigungstechnischen Abläufe vereinfacht. Darüber hinaus stellt das MAN-compact eine raumsparende Systemlösung dar, aufgrund der alleinigen Stationarität der Außenregale. Zum anderen können Kostenreduzierungen durch die Erhöhung der Stückzahl bzw. Losgröße und konsequenterweise durch bessere Einkaufsbedingungen durchgesetzt werden. Die größte Auswirkung der Modularisierung betrifft den Bereich Konstruktion. Beanspruchte z.B. die Konstruktion eines normalen Hochregallager-Regalbediengerätes früher 700 Stunden inklusive dem Erstellen der Handbücher, beträgt nun der Umfang 270 Mannstunden. Darüber hinaus lassen sich durch die automatische Ein- und Auslagerung Personalkosten von mehr als 0,8 Mann pro Schicht einsparen. Gegenüber herkömmlichen Staplerlagern beträgt der Flächengewinn 40%.

Kriteriencheck beim modularen Lagersystem

<table>
<tr><th>Kriterien</th><th colspan="10">Ausprägungen</th></tr>
<tr><td>Modular im Produktaufbau:</td><td colspan="5">schwach</td><td colspan="5">stark</td></tr>
<tr><td>Moduleigenschaften:</td><td colspan="2">kombinierbar</td><td colspan="2">austauschbar</td><td colspan="2">mehrfachverwendbar</td><td colspan="2">erweiterbar</td><td colspan="2">wiederverwendbar</td></tr>
<tr><td rowspan="5">Schnittstellengestaltung:</td><td colspan="5">lösbar</td><td colspan="5">nicht lösbar</td></tr>
<tr><td colspan="5">horizontal</td><td colspan="5">vertikal</td></tr>
<tr><td colspan="5">monofunktional</td><td colspan="5">polyfunktional</td></tr>
<tr><td colspan="5">unternehmensintern</td><td colspan="5">Marktstandard</td></tr>
<tr><td colspan="5">minimal</td><td colspan="5">Überdimensionierung</td></tr>
</table>

⇓

Wirtschaftliche Auswirkungen
♦ Fehlerminimierung ♦ Ablaufoptimierung ♦ Reduzierter Konstruktionsaufwand ♦ Raumersparnis ♦ Geringere Personalkosten ♦ Vergleichsweise niedrige Investitionen

6.3. Beispiel 3: Das modulare Aufzugskonzept der Schindler Aufzüge AG

Die Schindler 300 Aufzugsserie beruht auf einem modularen Aufbau, mit dem - basierend auf einer möglichst geringen Variantenzahl bei den Komponenten - eine große Variantenzahl an Aufzügen realisierbar ist. Die standardisierten Hauptkomponenten einer Aufzugsanlage sind
- Antrieb,
- Steuerung,
- Kabine,
- Schachttüren,
- Ausstattungselemente.

Der zusätzliche modulare Aufbau der Aufzugssteuerung gewährleistet die Realisierung verschiedener Steuerungslösungen. Die Bedienung der Kabinen- und Stockwerkrufe läßt sich somit der Verkehrssituation im Gebäude anpassen.
Die Kombinationsmöglichkeiten der Hauptkomponenten erlaubt eine Auswahl aus über 1200 Aufzugskonfigurationen. Alle Hauptkomponenten sind mehrfachverwendbar und können durch Zubehör wie z.B. Handläufe erweitert werden. Die flexiblen Ausstattungselemente können nach Belieben über lösbare Schnittstellen ausgetauscht, an Modeveränderungen angepaßt und wiederverwendet werden.
Da der Maschinenraum bei elektrischen Antrieben über dem Schacht, unten, seitlich oder auch hinter dem Schacht angeordnet werden kann und die Ausstattungselemente frei kombinierbar sind, liegt hier ein nahezu stark modulares Produktsystem vor.

Mit Hilfe der Modularisierung kann ein maßgeschneidertes Aufzugsprogramm, das 60-80% des europäischen Aufzugsbedarf im Wohn- und Geschäftshausbereich abdeckt, zum Preis einer Standardlösung angeboten werden. Aufgrund des modularen Aufzugskonzeptes und des Einsatzes von EDV-Systemen - beispielsweise bei der Auftragsbearbeitung - kann ein Auftrag mit erhöhter Auftragsdurchlaufgeschwindigkeit und verkürzter Lieferzeit abgewickelt werden, was wesentlich zur Wettbewerbsfähigkeit des angebotenen Aufzugsprogramms beiträgt. Das Einfügen elektronischer Teile erfolgt mit einer neuen Steck-Methode, aus der schnellere Installations- und Instandhaltungsarbeiten resultieren.
Zusammenfassend ist der wirtschaftliche Vorteil zwar weniger in der Planungsphase, Produktion und Montage nachweisbar, wird aber langfristig in effizienteren Abläufen, reduzierten Schulungen und besserer Qualität gesehen.
Der große Vorteil des modularen Aufzugskonzepts ist zum einen die architektonische Flexibilität, da Kabinen, Türen und Portale in verschiedenen Größen und Typen verfügbar sowie die Designelemente austauschbar sind, und zum anderen die technische Flexibilität, die auf verschiedene Leistungsanforderungen und Komfortansprüche erfüllende Steuerungen und Antriebssysteme basiert.

<table>
<tr><th>Kriterien</th><th colspan="10">Ausprägungen</th></tr>
<tr><td>Modular im Produktaufbau:</td><td colspan="5">schwach</td><td colspan="5">stark</td></tr>
<tr><td>Moduleigenschaften:</td><td colspan="2">kombinierbar</td><td colspan="2">austauschbar</td><td colspan="2">mehrfachverwendbar</td><td colspan="2">erweiterbar</td><td colspan="2">wiederverwendbar</td></tr>
<tr><td rowspan="2">Schnittstellengestaltung:</td><td colspan="5">lösbar</td><td colspan="5">nicht lösbar</td></tr>
<tr><td colspan="5">horizontal</td><td colspan="5">vertikal</td></tr>
<tr><td rowspan="2">Ausstattungselemente</td><td colspan="5">horizontal</td><td colspan="5">vertikal</td></tr>
<tr><td colspan="5">monofunktional</td><td colspan="5">polyfunktional</td></tr>
<tr><td rowspan="3">Ausstattungselemente</td><td colspan="5">monofunktional</td><td colspan="5">polyfunktional</td></tr>
<tr><td colspan="5">unternehmensintern</td><td colspan="5">Marktstandard</td></tr>
<tr><td colspan="5">minimal</td><td colspan="5">Überdimensionierung</td></tr>
</table>

⇓

Wirtschaftliche Auswirkungen
♦ Schnellere Installation und Instandhaltung ♦ Verkürzung der Durchlaufzeit ♦ Reduzierte Schulungen ♦ Bessere Qualität

6.4. Beispiel 4: Die modulare Titan-Revisionshüftendoprothese der Peter Brehm GmbH

Am Beispiel des Implantatsystems MRP[6]-Titan der Peter Brehm GmbH, Chirurgie-Mechanik, soll gezeigt werden, daß selbst bei Produktsystemen, die hohen individuellen Anforderungen entsprechen müssen, das Prinzip der Modularität möglich ist. Die Verwendung von individuell angefertigten Sonderprothesen bringt hohe Implantatkosten mit sich, und aus dem Einsatz von nicht modularen, geradschaftigen Prothesen resultieren unbefriedigende Knochenverankerungen, Beinlängendifferenzen und ein unphysiologischer Bewegungsablauf. Außerdem ist es nicht möglich, intraoperativ Beinlänge und Antetorsionswinkel zu korrigieren. Diese Problematik bildet die Grundlage für eine verbesserte Operationstechnik, für eine Optimierung der Verbindung von Implantat zu Knochen, eine Verringerung der Lagerhaltung und konsequenterweise für eine annehmbare Preisgestaltung.
Die Lösung liegt im modularen Aufbau des zementfreien MRP-Titan Systems, welches an die individuellen Voraussetzungen anpaßbar ist. Es besteht aus
- Prothesenschaft und
- Prothesenhals.

Verlängerungshülsen, Sonderimplantate und Schrauben sind weitere Elemente des modularen Systems. Alle Module sind mit einer einheitlichen, verdrehsicheren Konussteckverbindung ausgestattet, die mit entsprechendem Instrumentarium zu einer sicheren und korrekten Implantation verhilft. Mit dem modularen System können Prothesenlängen von 190 bis 300 mm erreicht werden. Bei festem Sitz des Prothesenschafts ist es intraoperativ möglich, den Schaft zwischen 50 und 100 mm zu verlängern, und der Antetorsionswinkel kann frei eingestellt werden. Die Prothesenschaftmodule sind entweder in einer Länge von 140 mm in gerader Ausführung oder in einer Länge von 200 mm in gerader oder gebogener Ausführung mit verschiedenen Durchmessern erhältlich. Die Prothesenhälse werden mit oder ohne Finne angeboten.
Aufgrund der Strukturgebundenheit der einzelnen Prothesenmodule liegt zwar ein schwach modulares Produktsystem vor, mit dem jedoch auf individuelle Anforderungen eingegangen werden kann. Die einzelnen Module sind zu den unterschiedlichsten Prothesen über horizontale Schnittstellen, die für den Zusammenhalt verantwortlich sind, kombinierbar.

Als wirtschaftliche Auswirkungen werden aufgrund der modularen Auslegung des Systems minimale Lagerhaltung, kurze Operationszeiten - basierend auf einer einfachen Systemhandhabung - und dadurch Kostendämpfung erreicht.

6 MRP steht für Modulare RevisionsProthese.

Kriteriencheck bei der modularen Titan-Revisionshüftendoprothese

Kriterien	Ausprägungen				
Modular im Produktaufbau:	**schwach**		stark		
Moduleigenschaften:	**kombinierbar**	**austauschbar**	**mehrfachverwendbar**	**erweiterbar**	**wiederverwendbar**
Schnittstellengestaltung:	**lösbar**		nicht lösbar		
	horizontal		vertikal		
	monofunktional		polyfunktional		
	unternehmensintern		Marktstandard		
	minimal		Überdimensionierung		

⇓

Wirtschaftliche Auswirkungen
♦ Minimale Lagerhaltung ♦ Kurze Operationszeiten ♦ Kostenreduzierung

6.5. Beispiel 5: Das modulare Werkstückträger-Transportsystem WTS der Stein Automation GmbH

Die Idee des Werkstückträger-Transportsystems WTS basiert auf modular aufgebauten Mechanik- und Antriebstechnik-Elementen. Die einzelnen Anlagenabschnitte werden komplett und betriebsbereit zusammengestellt. Das WTS besteht aus den Einzelmodulen
- Einfachstrecken,
- Doppelstrecken,
- Querstrecken,
- Kurvenelemente,
- Drehstationen,
- Hubstationen,
- Stopperstationen.

In den Ständerfüßen der Transporteinheiten sind je nach Anforderung eine Pneumatik-Installationsinsel, ein Netzteil, eine Leistungseinheit und eine CPU sowie die Kopplungs-Schnittstellen für die Verbindungen der Module untergebracht. Die Module sind mit bereits installierten Einheiten kompatibel und können auf den neusten Stand der Technik umgerüstet werden. Mit den Modulen lassen sich individuelle und flexible Montageanlagen gestalten. Aufgrund der freien Kombinierbarkeit der Einzelmodule untereinander liegt ein stark modulares Produktsystem vor.

Wirtschaftliche Vorteile liegen beim Verwender in einer schnellen und effizienten Umrüstung der Montageeinrichtungen bei kleinen Chargen und hohem Termindruck. Nach kostengünstigen Einstiegsinvestitionen kann das WTS schrittweise erweitert werden. Darüber hinaus ist das System einfach in der Wartung und Instandhaltung.

Kriteriencheck beim modularen Werkstückträger-Transportsystem

Kriterien	Ausprägungen				
Modular im Produktaufbau:	schwach	**stark**			
Moduleigenschaften:	**kombinierbar**	**austauschbar**	**mehrfachverwendbar**	**erweiterbar**	**wiederverwendbar**
Schnittstellengestaltung:	**lösbar**	nicht lösbar			
	horizontal	vertikal			
	monofunktional	**polyfunktional**			
	unternehmensintern	Marktstandard			
	minimal	**Überdimensionierung**			

⇓

Wirtschaftliche Auswirkungen
♦ Schnelle und kostengünstige Umrüstung ♦ Schnelle Installation ♦ Kostengünstige Einstiegsinvestitionen mit Erweiterungsmöglichkeiten ♦ Einfache Wartung und Instandhaltung

6.6. Beispiel 6: Der modulare Satteltiefladeanhänger der Goldhofer GmbH & Co

Dieses Beispiel stellt einen Sonderfall dar. Es soll verdeutlichen, daß auch mit einem abstrakt modularen Produktsystem, bei dem eine Zerlegung in reale Baugruppen aufgrund der gegebenen Produktstruktur nicht möglich ist, wirtschaftliche Erfolge erzielt werden können.
Ausgangspunkt für die modulare Gestaltung des Satteltiefladeanhängers auf Basis eines Baukastensystems war bei Goldhofer die Entscheidung über eine Standardisierung des zuvor meist einzelgefertigten Satteltiefladeanhängers. Die Produktstruktur desselben macht es nicht möglich, das Produktsystem über lösbare Schnittstellen in reale Bausteine zu zerlegen. Grund dafür ist ein durch das Produktsystem verlaufender Stahlträger, der alle Bausteine tangiert. Deshalb wurden abstrakte Module gebildet, deren Behandlung konstruktionstechnisch und in der Arbeitsvorbereitung jedoch als reale Module erfolgt. Ein Merkmal solcher abstrakter Module ist, daß sie nicht vormontier- und vorproduzierbar sind. Da die einzelnen Module einen festen Platz in der Produktstruktur haben, handelt es sich bei dem modular gestalteten Satteltiefladeanhänger um ein schwach modulares Produktsystem.
Ergebnis der Modularisierung des Satteltiefladeanhängers ist ein Baukasten mit den folgenden Modulen:

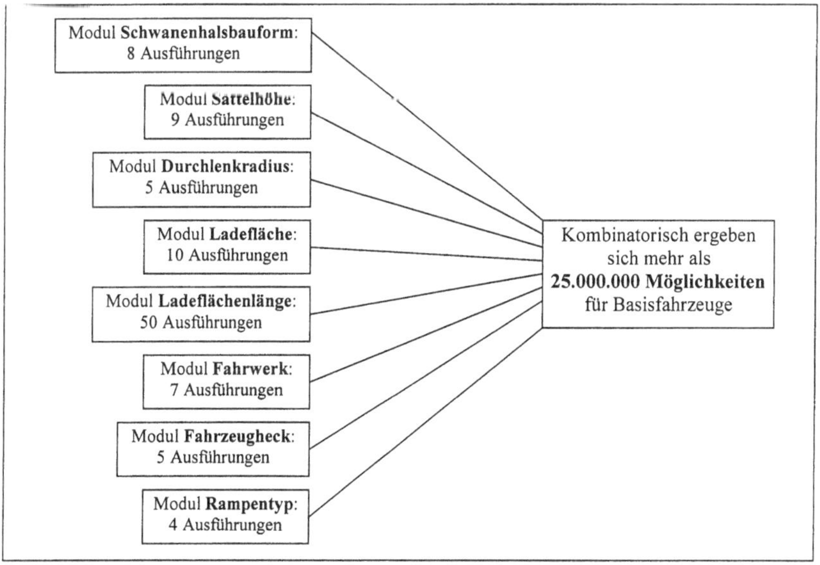

Abbildung 6.1: Mögliche Varianten eines modular aufgebauten Satteltiefladeanhängers

Die einzelnen Module sind miteinander zu mehreren Basisfahrzeugen kombinierbar. Die zugrundeliegenden Konstruktionspläne der Module sind mehrfach verwendbar. Denkbar ist auch die Erweiterung der einzelnen Module bei technischen Neuerungen um weitere Funktionen. Eine Austauschbarkeit und Wiederverwendbarkeit der Module ist aufgrund der nicht lösbaren Schnittstellen nicht gegeben. Die Festlegung der polyfunktionalen Schnittstellen erfolgte unternehmensintern. Die Schnittstelle zwischen Anhänger und Zugmaschine ist jedoch genormt. Die Module werden auf der gleichen Produktsystemebene - also horizontal - verbunden.
Mit der Einführung des Baukastensystems bleibt die Kundenorientierung und Auftragsbezogenheit gewährleistet. Der Kunde wählt aus der Modulpalette seine persönlich präferierten Module aus und kombiniert diese zum Satteltiefladeanhänger nach Maß.

Die sich durch die Modularisierung des Satteltiefladeanhängers ergebenden Auswirkungen betreffen vorrangig den Zeitaspekt. Sowohl bei der Angebotserstellung, der Konstruktion, der Auftragspapiererstellung als auch bei der Technischen Dokumentation ergeben sich Zeitreduzierungen. Darüber hinaus wird die Durchlaufzeit in der Fertigung verkürzt. Durch eine steigende Gleichteilestückzahl ist die Rationalisierung und der Ausgleich von Kapazitätsbelastungsspitzen möglich.[7] Erzielte Einsparungen bei den Personalkosten erlauben die Senkung des Produktpreises um 10 %.

Mit diesem Beispiel wird gezeigt, daß Erfolge durch Modularisierung selbst bei nicht real zerlegbaren Produktsystemen erzielt werden können.

---

7 Die Gleichteile wurden beispielsweise dadurch erhöht, daß Bleche mit 5 Bohrungen bzw. 2 Bohrungen nun durch ein Blech mit 7 Bohrungen ersetzt werden, das in unterschiedlichen Fahrzeugtypen Anwendung findet.

Kriteriencheck beim modularen Satteltiefladeanhänger

Kriterien	Ausprägungen				
Modular im Produktaufbau:	**schwach**	stark			
Moduleigenschaften:	**kombinierbar**	austauschbar	**mehrfachverwendbar**	**erweiterbar**	wiederverwendbar
Schnittstellengestaltung:	lösbar	**nicht lösbar**			
	horizontal	vertikal			
	monofunktional	**polyfunktional**			
innerhalb des Anhängers	**unternehmensintern**	Marktstandard			
zwischen Anhänger und Zugmaschine	unternehmensintern	**Marktstandard**			
	minimal	Überdimensionierung			

⇓

Wirtschaftliche Auswirkungen
♦ Zeitersparnis bei der Angebotserstellung, Konstruktion, Auftragspapiererstellung, Technischen Dokumentation ♦ Verkürzung der Durchlaufzeit ♦ gleichmäßigere Kapazitätsbelastung ♦ Senkung des Produktpreises

Mit den dargestellten Beispielen wurde gezeigt, in welchen Anwendungsbereichen modulare Produktsystemen zu finden sind. Es ist offensichtlich, daß sich sowohl beim Hersteller als auch beim Verwender von modularen Produktsystemen Rationalisierungspotentiale einstellen. Der Nachteil einer eventuell langen Konzeptionsphase eines modularen Produktsystems wird durch die langfristigen Vorteile eines modularen Produktaufbaus übertroffen. Trotz reduzierter Teilevielfalt und Modulvarianten läßt sich der Großteil der individuellen Kundenwünsche erfüllen. Unter strategischen Gesichtspunkten kann die modulare Produktsystemkonzeption durch die Wiederverwendung und Erweiterung vorhandener Lösungen dazu beitragen, die Vorteile der ersten modularen Produktkonzeption auch in Produktfamilien und den nachfolgenden Produktgenerationen zu nutzen und auszuweiten.

7. Fazit und Ausblick

Das am Markt angebotene Produktprogramm stellt einen wichtigen Erfolgsfaktor für den Fortbestand von Unternehmen dar. Um wettbewerbsfähig zu sein, muß es verschiedene Anforderungen aus dem Unternehmensumfeld erfüllen. Auf sich dynamisch verändernde Märkte für Konsum- und Investitionsgüter reagieren viele Unternehmen mit einem aufgeblähten, komplexen Produktprogramm, das nahezu alle Funktionsbereiche des Unternehmens mit Kostensteigerungen belastet. Aus diesem Grunde kommt Produktkonzeptionen, die sowohl wandelbar als auch komplexitätsreduziert sind, große Bedeutung zu. Eine Möglichkeit, mit dem Produktprogramm auf sich verändernde Marktbedingungen zu reagieren, ist die modulare Produktgestaltung.

Unter diesem Aspekt war die Analyse von modularen Produktsystemen Aufgabe der vorliegenden Arbeit mit dem Ziel, die Strukturen und Eigenschaften modularer Produktsysteme zu untersuchen sowie deren Rationalisierungs- und Einsatzpotential herauszuarbeiten.

So wurden zunächst aus systemanalytischer Sicht Alternativen zur Reduktion von Systemkomplexität und die Möglichkeit der bewußten Komplexitätsgestaltung mit modularen Systemen dargelegt. Nach der Definition von Produktsystemen und der Berücksichtigung der Einflußfaktoren galt es den Konflikt von Produktsystemen zwischen den extremen Produktgestaltungsformen der Vielfalt und Vereinheitlichung zu erläutern. Zur Überwindung dieses Spannungsfeldes wurde als Kompromißlösung eine modulare Produktsystemgestaltung vorgeschlagen. Im Mittelpunkt stand dabei die Definition und die Darstellung der Eigenschaften von modularen Produktsystemen sowie die Analyse der Wirkungsweise der Modularität. Schließlich wurde die „Biographie" von modularen Produktsystemen und die Auswirkungen modularer Gestaltungsprinzipien von der Produktentstehung bis zur Entsorgung nachgezeichnet. Dabei wurde insbesondere die bislang gängige technische und ökonomische Dimension der Modularität in dieser Arbeit um die ökologische Komponente erweitert. Darüber hinaus war die Bedeutung von Modularität bei mehrfachen Produktsystemlebenszyklen von Interesse.

Im Mittelpunkt der Betrachtung standen materielle Produktsysteme. Die gewonnenen Ergebnisse sind jedoch sowohl auf immaterielle Produkte wie Dienstleistungen als auch auf jegliche Art von komplexen Problemstellungen möglich.

Zuletzt wurde gezeigt, welche wirtschaftlichen Erfolge mit der Anwendung von modularen Produktkonzepten in der Praxis erzielt werden können.

Zusammenfassend bleibt festzuhalten, daß die modulare Produktsystemgestaltung eine Möglichkeit darstellt, das Spannungsfeld zwischen extremen Produktgestaltungsformen zu überwinden. Ein modularer Produktsystementwurf erlaubt aufgrund der offenen Systemarchitektur die Integration von heute noch nicht erkennbaren veränderten Markterfordernissen. Mit dem Rückgriff auf bereits bewährte Teilsysteme lassen sich Entwicklungszeiten reduzieren, so daß mit modularen Strukturen der Ausgleich zwischen kürzer werdenden Produktlebenszeiten einerseits und längeren Entwicklungszeiten andererseits geschaffen werden kann.

Als strategisch ausgerichtetes Gestaltungsprinzip gewährleistet Modularität die Erfüllung der Kundenwünsche mit technischen Lösungen in zukunftsorientierter Art und Weise. Modulare Produktkonzepte sind zielgerichtet und systematisch aufgebaut und eignen sich deshalb durch ihre Anpassungsfähigkeit, im stärker werdenden Wettbewerb auch über mehrere Produktgenerationen hinweg zu bestehen. So können einzelne Produktsysteme auf neue Anforderungen eingestellt und weiterentwickelt werden, ohne jeweils „das Rad neu erfinden“ zu müssen, indem Module, die nicht mehr dem neusten Stand der Technik entsprechen, durch eine sukzessive Integration von Innovationen ausgetauscht werden.

Auf Dauer wird sich die sorgfältige Planung eines modularen Produktkonzepts lohnen, wenn das Potential der strategisch ausgerichteten Produktstruktur, der damit verbundenen ökonomischen Vorteile sowie der Chance zur verbesserten Wettbewerbsfähigkeit genutzt wird. In Verbindung mit einer umwelt- und entsorgungsfreundlichen Produktgestaltung kann Modularität entscheidend beim Schließen von Kreisläufen mitwirken.
Diese Arbeit möchte dazu beitragen, daß zukünftig modulare Strukturen in der Praxis noch stärker Verwendung finden.

Quellenverzeichnis für Kapitel 6

Beispiel 1: **ABB Henschel AG (o.J.)**, Die Variobahn - Innovative Technik für den Nahverkehr

Adtranz (1996), Die Variobahn - Ein Stadtbahnwagen für die Duisburger Verkehrsgesellschaft AG

Hofmann, S./Krummheuer, E. (1995), Lokomotiv-Konzepte aus dem Baukasten, in: Handelsblatt, 19.01.1995, S. 18

Beispiel 2: **MAN Logistics GmbH (o.J.)**, MANcompact: Das Automatik-Lager als wirtschaftliches Standard-System

Interview zum Thema „Modulare Produktsysteme" mit Herrn Oliver Vogelsang

Beispiel 3: **Schindler Aufzüge AG (o.J.)**, Schindler 300 - Das flexible Aufzugsprogramm

Schindler Management AG (o.J.), Schindler 300 - A vision becomes reality

Bächthold, D. (1994), Modulares Aufzugskonzept, in: TÜ, Band 35, Nr. 10, 1994, S. 396-397

Beispiel 4: **Peter Brehm GmbH (o.J.)**, MRP-Titan - Modulare Revisionsprothese

Beispiel 5: **Stein Automation GmbH (o.J.)**, Wir verbinden Mensch und Technik

Stein Automation GmbH (o.J.), WTS - Das Werkstückträger-Transportsystem

Beispiel 6: **Goldhofer Fahrzeugwerk GmbH & Co (o.J.)**, Schwerlast-Modulsystem mit hydraulischem Achsausgleich

Goldhofer Fahrzeugwerk GmbH & Co (o.J.), Kombinationssystem THP

Goldhofer Fahrzeugwerk GmbH & Co (o.J.), Fahrzeugtechnik für den individuellen Einsatz

Interview zum Thema „Modulare Produktsysteme" mit Herrn Hans-Jörg Habernegg

Literaturverzeichnis

Adam, D. (Hrsg.) (1993), Flexible Fertigungssysteme im Spannungsfeld zwischen Rationalisierung, Flexibilisierung und veränderten Fertigungsstrukturen, in: Flexible Fertigungssysteme, Schriften zur Unternehmensführung, Band 46, Wiesbaden 1993, S. 5-28

Adam, D./Rollberg, R. (1995), Komplexitätskosten, in: DBW, 55. Jahrgang, Heft 5, 1995, S. 667-670

Adam Opel AG (1994), Das Opel-Recycling-System - Element der ganzheitlichen Produktverantwortung, Rüsselsheim 1994

Akao, Y. (1992), QFD - Quality Function Deployment, hrsg. von Liesegang, D. G., Landsberg/Lech 1992

Akiyama, K. (1994), Funktionenanalyse: der Schlüssel zu erfolgreichen Produkten und Dienstleistungen, hrsg. von Gierse, F. J., Landsberg/Lech 1994

Arbeitskreis „Marketing in der Investitionsgüter-Industrie“ der Schmalenbach-Gesellschaft (1977), Standardisierung und Individualisierung - ein produktpolitisches Entscheidungsproblem, in: zfbf, Anlagen-Marketing, hrsg. von Engelhardt, W. H./Laßmann, G., Sonderheft 7, Opladen 1977, S. 39-56

Arnold, U. (1997a), Module, in: Vahlens großes Logistiklexikon, hrsg. von Bloech, J./Ihde, G. B., München 1997, S. 730-731

Arnold, U. (1997b), Modular Sourcing, in: Vahlens großes Logistiklexikon, hrsg. von Bloech, J./Ihde, G. B., München 1997, S. 729-730

Backhaus, K. (1995), Investitionsgütermarketing, 4., überarb. Aufl., München 1995

Baldwin, C. Y./Clark, K. B. (1997), Managing in an Age of Modularity, in: Harvard business review, September-October 1997, S. 84-93

Ballwieser, W. (1993), Aggregation, Komplexion und Komplexitätsreduktion, in: Handwörterbuch der Betriebswirtschaft, hrsg. von Wittmann, W., 5., völlig neu gest. Aufl., Stuttgart 1993, Sp. 49-57

Bauer, C. O./Kollmann, F. G. (1986), Fügen durch An- und Einpressen, in: Handbuch der Fertigungstechnik, Band 5: Fügen, Handhaben und Montieren, hrsg. von Spur, G./Stöferle, T., München, Wien 1986, S. 43-75

Benkenstein, M. (1995), Die Verkürzung der Fertigungstiefe als absatzwirtschaftliches Entscheidungsproblem, in: WiSt, 24. Jahrgang, Heft 4, 1995, S. 180-185

Berger, K.-H. (1984), Normung und Typung, in: Handwörterbuch der Produktionswirtschaft, hrsg. von Kern, W., Stuttgart 1984, Sp. 1353-1370

Bertalanffy, L. v. (1968), General System Theory, New York 1968

Bertalanffy, L. v. (1972), Zu einer allgemeinen Systemlehre, in: Organisation als System, hrsg. von Bleicher, K., Wiesbaden 1972, S. 31-45

Bertalanffy, L. v. (1990), Das biologische Weltbild: Die Stellung des Lebens in der Natur und Wissenschaft, Neudruck der 1. Aufl. 1949, Wien, Köln 1990

Biegert, H. (1971), Die Baukastenbauweise als technisches und wirtschaftliches Gestaltungsprinzip, Diss. Karlsruhe 1971

Biermann, M./Munz, M./Röhm, E. (1995), Demontage, in: VDI-Z, Band 137, Nr. 9, 1995, S. 40-46

Bitsch, H./Martini, J./Schmitt, H. J. (1995), Betriebswirtschaftliche Behandlung von Standardisierung und Normung, in: zfbf, 47. Jahrgang, Heft 1, 1995, S. 66-85

Bitzenhofer, T. H. (1996), Single System Sourcing - Potentiale und Risiken, in: io management Zeitschrift, 65. Jahrgang, Nr. 6, 1996, S. 68-70

Bliss, C. A. (1998), Komplexitätsreduktion und Komplexitätsbeherrschung bei der Schmitz-Anhänger Fahrzeugbau-Gesellschaft mbH, in: Komplexitätsmanagement, hrsg. von Adam, D., Schriften zur Unternehmensführung, Band 61, Wiesbaden 1998, S. 145-168

Bloech, J. (1996), Beschaffungslogistik, in: Handwörterbuch der Produktionswirtschaft, hrsg. von Kern, W. et al., zweite, völlig neu gest. Aufl., Stuttgart 1996, Sp. 246-254

Bogaschewsky, R. (1996), Strategische Aspekte der Leistungstiefenoptimierung, in: Outsourcing, hrsg. von Koppelmann, U. im Auftrag der Schmalenbach-Gesellschaft, Stuttgart 1996, S. 123-148

Boulding, K. E. (1955/56), General Systems Theory - the skeleton of science, in: Management Science , Vol. 2, Nr. 3, 1955/56, S. 197-208

Bronner, R. (1992), Komplexität, in: Handwörterbuch der Organisation, hrsg. von Frese, E., 3., völlig neu gest. Aufl., Band 2, Stuttgart 1992, Sp. 1121-1130

Brunner, F. J. (1992), Produktplanung mit QFD, in: io management Zeitschrift, 61. Jahrgang, Nr. 6, 1992, S. 42-46

Buchholz, G. (1987), Rechnerunterstützte Konstruktion von Varianten - Entwicklung eines Programmoduls zur Speicherung konstruktiver Abhängigkeiten, Diss. Techn. Hochschule Aachen 1987

Burghard, W./Kleinaltenkamp, M. (1996), Standardisierung und Individualisierung - Gestaltung der Schnittstelle zum Kunden, in: Customer-Integration: von der Kundenorientierung zur Kundenintegration, hrsg. von Kleinaltenkamp, M./Fließ, S./Jacob, F., Wiesbaden 1996, S. 163-176

Busse von Colbe, W. (1990), Bereitstellungsplanung - Einkaufs- und Lagerpolitik, in: Industriebetriebslehre, hrsg. von Jacob, H., 4. Aufl., Wiesbaden 1990, S. 591-671

Castiglioni, E. (1994), Organisatorisches Lernen in Produktinnovationsprozessen - Eine empirische Untersuchung, zugl.: München, Techn. Univ., Diss., 1993, Wiesbaden 1994

Coenenberg, A. G./Prillmann, M. (1995), Erfolgswirkungen der Variantenvielfalt und Variantenmanagement, in: ZfB, 65. Jahrgang, Heft 11, 1995, S. 1231-1253

Collazzo, C. (1979), Einflüsse der Normung auf die Wirtschaft und die Verbraucher, in: Wirtschaftlichkeit der Normung, hrsg. vom Deutschen Institut für Normung, DIN-Normungskunde, Heft 13, Berlin, Köln 1979, S. 41-79

Collier, D. A. (1982), Aggregate safety stock levels and component part commonality, in: Management Science, Vol. 28, No. 11, 1982, S. 1296-1303

Dencker, B. (1995), Durch kontinuierliche Verbesserung vom Teile- zum Modullieferanten, in: Zeitschrift für wirtschaftlichen Fabrikbetrieb - ZWF, hrsg. von Spur, G., 90. Jahrgang, Heft 1-2, 1995, S. 18-20

Deutsch, C. (1994), Abschied vom Wegwerfprinzip: die Wende zur Langlebigkeit in der industriellen Produktion, Stuttgart 1994

Deutsche Airbus (1991), Ein Flugzeug entsteht - Ein Bericht über die Arbeitsweise der Entwicklungsingenieure aus dem Geschäftsbereich Vorentwicklung und Technologie der Deutschen Airbus GmbH, Hamburg 1991

Deutsches Institut für Normung e. V. - DIN (Hrsg.) (1987), Grundlagen der Normungsarbeit des DIN, DIN-Normenheft 10, 5., geänderte Aufl., Berlin, Köln 1987

Diez, W. (1990), Modellzyklen als produktpolitisches Entscheidungsproblem - Erfahrungen und Perspektiven in der deutschen Automobilindustrie, in: zfbf, 42. Jahrgang, Heft 3, 1990, S. 263-275

Dörrie, U./Metze, G. (1976), Gesetz der Massenproduktion, in: WiSt, 5. Jahrgang, Heft 9, 1976, S. 422-423

Drexel, P. (1982), Einsatzaspekte modularer Handhabungssysteme, in: Werkstatt und Betrieb, 115. Jahrgang, Nr. 6, 1982, S. 377-381

Dürand, D./Stein, I. F. (1995), Rütteln genügt, in: WirtschaftsWoche, Nr. 29, 13.07.1995, S. 79

Dyckhoff, H./Darmstädter, A./Soukal, R. (1994), Recycling, in: Handbuch Produktionsmanagement, hrsg. von Corsten, H., Wiesbaden 1994, S. 1069-1086

Ehrlenspiel, K. (1995), Integrierte Produktentwicklung: Methoden für Prozeßorganisation, Produkterstellung und Konstruktion, München, Wien 1995

Eicke, H. v./Femerling, C. (1991), Einkaufsstrategien der Zukunft, in: Automobil-Produktion, 6. Jahrgang, Juni 1991, S. 54-56

Ellinger, T. (1963), Industrielle Einzelfertigung und Vorbereitungsgrad, in: zfbf, 15. Jahrgang, 1963, S. 481-498

Ellinger, T. (1985), Industrielle Wechselproduktion: Grundprinzipien und Gesetz der Wechselproduktion, Stuttgart 1985

Elsing, J./Wiencek, A. (1992), Schnittstellen-Handbuch, 3., überarb. Aufl., Vaterstetten bei München 1992

Endler, D. (1994), Mit Systemen gewinnen?, in: Absatzwirtschaft, Zeitschrift für Marketing, 37. Jahrgang, Heft 4, 1994, S. 98-101

Engelhardt, W. H. (1996), Dienstleistungen als Produktkomponenten, in: Handwörterbuch der Produktionswirtschaft, hrsg. von Kern, W. et al., zweite, völlig neu gest. Aufl., Stuttgart 1996, Sp. 327-338

Engelhardt, W. H./Günter, B. (1981), Investitionsgüter-Marketing, Stuttgart, Berlin, Köln, Mainz 1981

Euringer, C. (1995), Marktorientierte Produktentwicklung: die Interaktion zwischen F&E und Marketing, zugl.: München, Univ., Diss., 1994, Wiesbaden 1995

Eversheim, W. (1990), Organisation in der Produktionstechnik, Bd. 2: Konstruktion, zweite, neu bearb. Aufl., Düsseldorf 1990

Eversheim, W./Heyn, M./Linnhoff, M./Braunschneider, W./Schürholz, A. (1996), Kooperative Systemführerschaft, in: VDI-Z, Band 138, Nr. 1/2, 1996, S. 24-27

Eversheim, W./Kettner, P./Kosmas, I. (1986), Montagesystem für große Produkte - Flexibilität durch konsequente Anwendung des Baukastenprinzips, in: VDI-Z, Band 128, Nr. 4, 1986, S. 111-115

Eversheim, W./Laufenberg, L. et al. (1995), Entwicklung von Fahrzeugsystemen im Verbund - Innovation und Integration brauchen Instrumente, in: VDI-Z, Band 137, Nr. 5, 1995, S. 32-35

Eversheim, W./Schuh, G./Caesar, C. (1988) Variantenvielfalt in der Serienproduktion, in: VDI-Z, Band 130, Nr. 12, 1988, S. 45-49

Eversheim, W./Schuh, G./Caesar, C. (1989), Beherrschung der Variantenvielfalt, in: VDI-Z, Band 131, Nr. 1, 1989, S. 42-46

Feitzinger, E./Lee, H. L. (1997), Mass Customization at Hewlett-Packard: The Power of Postponement, in: Harvard business review, January-February 1997, S.116-121

Fiege, H. (1998), Komplexitätsreduktion durch Einschaltung logistischer Dienstleister, in: Komplexitätsmanagement, hrsg. von Adam, D., Schriften zur Unternehmensführung, Band 61, S. 125-133

Figura, J./Hartkopf, T./Kortenmeier, K. (1993), CAD - systemunabhängige Erstellung von Normteilen, Kontakt & Studium, Bd. 340, Ehningen bei Böblingen 1993

Fricke, G./Lohse, G. (1997), Entwicklungsmanagement: mit methodischer Produktentwicklung zum Unternehmenserfolg, Berlin, Heidelberg, New York et al. 1997

Friedrich, S. A. (1995), Mit Kernkompetenzen im Wettbewerb gewinnen, in: io management Zeitschrift, 64. Jahrgang, Nr. 4, 1995, S. 87-91

Fuchs, H. (1973), Systemtheorie und Organisation, Wiesbaden 1973

Gabel, H. L. (1993), Produktstandardisierung als Wettbewerbsstrategie, London, New York et al. 1993

Garbotz, G. (1920), Vereinheitlichung der Industrie, München, Berlin 1920

Gierl, H. (1989), Individualisierung und Konsum, in: Der Markenartikel, 51. Jahrgang, Nr. 8, 1989, S. 422-428

Glaser, H. (1992), Prozeßkostenrechnung - Darstellung und Kritik, in: zfbf, 44. Jahrgang, Heft 3, 1992, S. 274-288

Goetze, S. v. (1992), Optimierung der Variantenvielfalt: Analyse und Bewertung der Variantenvielfalt unter der Perspektive der Systemwirtschaftlichkeit, zugl.: Erlangen, Nürnberg, Univ., Diss., Frankfurt a. M. 1992

Günter, B. (1979), Das Marketing von Großanlagen, Berlin 1979

Gutenberg, E. (1965), Grundlagen der Betriebswirtschaftslehre, Band 1 - Die Produktion, 11. Aufl., Berlin, Heidelberg, New York 1965

Haedrich, G./Tomczak, T. (1996), Produktpolitik, Stuttgart, Berlin, Köln 1996

Hagel, J./Kluge, J. (1988), Komplexität im Produktdesign - lieb und oft zu teuer, in: Blick durch die Wirtschaft, Nr. 236, 07.12.1988, S. 7

Haken, H. (1994), Synergetik - Selbstorganisiertes Zusammenwirken der Systeme, in: Zukunftssicherung durch Innovation, Fertigungstechnisches Kolloquium, hrsg. von Bullinger, H.-J./Heisel, U./Pritschow, G./Warnecke, H. J., Berlin, Heidelberg, New York 1994, S. 14-18

Hamann, M. (1975), Die Produktgestaltung: Rahmenbedingungen - Möglichkeiten - Optimierung, Würzburg, Wien 1975

Händle, F./Jensen, S. (Hrsg.) (1974), Systemtheorie und Systemtechnik, München 1974

Hansen, U./Leitherer, E. (1984), Produktpolitik, zweite, neu bearb. und erw. Aufl., Stuttgart 1984

Hauck, H. (1995), Der Weg zum Hochleistungsunternehmen, in: Blick durch die Wirtschaft, Nr. 32, 14.02.1995, S. 7

Heeg, F. J. (1984), Recycling-Management - Eine Gesamtaufgabe von der Produktentwicklung bis zur Produktverwertung, in: io management Zeitschrift, 53. Jahrgang, Nr. 11, 1984, S. 506-510

Heeg, F. J./Veismann, M./Schnatmeyer, M. (1994), Recycling-Management, in: UWF, 1. Jahrgang, Nr. 4, 1994, S. 23-30

Heinrich, L. J. (Hrsg.) (1989), Wirtschaftsinformatik-Lexikon, 3., überarb. u. wesentl. erw. Aufl., München, Wien 1989

Henderson, B. D. (1974), Die Erfahrungskurve in der Unternehmensstrategie, Frankfurt a. Main 1974

Henze, A. (1995), Eisenzeit - Geschichte und Technik der Metallbaukästen, in: Schwarz, H./Henze, A./Faber, M., Eisenzeit - Geschichte des Metallbaukastens, Schriften des Spielzeugmuseums Nürnberg, Band 1, Nürnberg 1995, S. 35-94

Herrmann, A./Gutsche, J. (1994), Ein Modell zur Erfassung der individuellen Markenwechselneigung, in: zfbf, 46. Jahrgang, Heft 1, 1994, S. 63-80

Hluma, M. (1995), Sensibler Überflieger, in: neue flieger revue, Nr. 1, 1995, S. 20-25

Hoitsch, H.-J. (1993), Produktionswirtschaft, zweite, völlig überarb. und erw. Aufl., München 1993

Hoitsch, H.-J./Lingnau, V. (1995), Differenzierungsstrategie und Variantenvielfalt, in: WiSt, 24. Jahrgang, Heft 8, 1995, S. 390-395

Holz, B. F./Gaebler, W. (1985), Flexible Fertigungssysteme: der FFS-Report der Ingersoll-Engineers, Berlin, Heidelberg, New York et al. 1985

Hruschka, P. (1986), Prinzipien der Modularisierung, in: Handbuch der modernen Datenverarbeitung, hrsg. von Heilmann, H. et al., 23. Jahrgang, Heft 130: Formale Methoden in der Systementwicklung, Wiesbaden 1986, S. 67-75

Jansen, H. H. (1993), Lean production in der mittelständischen Industrie, Berlin, Heidelberg, New York et al. 1993

Kaiser, H.-P. (1995), Entwicklung und Konstruktion im Strukturwandel, in: Konstruktion, 47. Jahrgang, Heft 12, 1995, S. 378-382

Kaufmann, L. (1995), Strategisches Sourcing, in: zfbf, 47. Jahrgang, Heft 3, 1995, S. 275-296

Keimeier, S. (1995), Wiederverwendung - ein alternatives Konzept zur Verwertung von Elektronikschrott, in: Elektrik-, Elektronikschrott, Datenträgerentsorgung: Möglichkeiten und Grenzen der Elektronikschrottverordnung, hrsg. von Schimmelpfeng, L./Huber, R., Berlin, Heidelberg, New York et al. 1995, S. 49-65

Kleinaltenkamp, M. (1985), Recycling-Strategien: Wege zur wirtschaftlichen Verwertung von Rückständen aus absatz- und beschaffungswirtschaftlicher Sicht, Berlin 1985

Kleinaltenkamp, M. (1993), Standardisierung und Marktprozeß: Entwicklungen und Auswirkungen im CIM-Bereich, Bochumer Beiträge zur Unternehmensführung und Unternehmensforschung, Bd. 44, zugl.: Bochum, Univ., Habil.-Schr., 1992, Wiesbaden 1993

Kluge, J. (1995), Unternehmerischer Geist und Kundennutzen - Der Weg zu neuen Produkten und Verfahren, in: Blick durch die Wirtschaft, Nr. 136, 18.07.1995, S. 7

Köhler, R. (1988), Produktionsplanung für flexible Fertigungszellen, Münster 1988

Koller, R. (1994), Konstruktionslehre für den Maschinenbau: Grundlagen zur Neu- und Weiterentwicklung technischer Produkte mit Beispielen, 3., völlig neu bearb. und erw. Aufl., Berlin, Heidelberg, New York et al. 1994

Koppelmann, U. (1987), Produktmarketing: Entscheidungsgrundlage für Produktmanager, zweite, völlig neu bearb. Aufl., Stuttgart, Berlin, Köln, Mainz 1987

Kosiol, E./Szyperski, N./Chmielewicz, K. (1972), Zum Standort der Systemforschung im Rahmen der Wissenschaften, in: Organisation als System, hrsg. von Bleicher, K., Wiesbaden 1972, S. 65-97

Kotler, P. (1989), Marketing-Management: Analyse, Planung und Kontrolle, 4. völlig neu bearb. Aufl., einmalige und limitierte Sonderausgabe, Stuttgart 1989

Kotler, P./Bliemel, F. W. (1992), Marketing-Management: Analyse, Planung, Umsetzung und Steuerung, 7., vollst. neu bearb. und erw. Aufl., Stuttgart 1992

Kramer, F./Kramer, M. (1994), Modulare Unternehmensführung, Band 1: Kundenzufriedenheit und Unternehmenserfolg, Berlin, Heidelberg, New York et al. 1994

Kreibich, R. (1994), Ökologische Produktgestaltung und Kreislaufwirtschaft, in: UWF, 2. Jahrgang, Nr. 5, 1994, S. 13-22

Kreikebaum, H. (1984), Organisationstypen der Produktion, in: Handwörterbuch der Produktionswirtschaft, hrsg. von Kern, W., Stuttgart 1984, Sp. 1392-1402

Krill, O. (1996), EDI - eine Voraussetzung für eine sequenzgerechte Belieferung der Automobilindustrie, in: Industrie Management, 12. Jahrgang, Heft 6, 1996, S. 47-50

Kuhn, H. (1990), Einlastungsplanung von flexiblen Fertigungssystemen, Heidelberg 1990

Kypke, U. (1982), Technische Normung und Verbraucherinteresse: strukturelle, konzeptionelle und steuerungspolitische Probleme technischer Regelwerke, Köln 1982

Lehmann, H./Fuchs, H. (1974), Probleme einer systemtheoretisch-kybernetischen Untersuchung betrieblicher Systeme, in: Systemtheorie und Systemtechnik, hrsg. von Händle, F./Jensen, S., München, 1974, S. 235-253

Leisten, R. (1995), Iterative Aggregation und mehrstufige Entscheidungsmodelle: Einordnung in den planerischen Kontext, Analyse anhand der Modelle der linearen Programmierung und Darstellung am Anwendungsbeispiel der hierarchischen Produktionsplanung, Habil.-Schrift, Heidelberg 1995

Leisten, R./Ligges, U. (1991), Wettbewerbsvorteile durch Informationstechnik, in: WiSt, 20. Jahrgang, Heft 3, 1991, S. 139-143

Liappas, I./Sempf, U. (1995), Viele Produkte werden am Markt vorbeientwikkelt - Reengineering in der Diskussion (3), in: Blick durch die Wirtschaft, 21.03.1995, S. 1

Liesegang, D. G. (1992), Produkt- und generationsübergreifende Integration, in: Integrationsmanagement für neue Produkte, zfbf Sonderheft Nr. 30, 1992, S. 94-101

Liesegang, D. G. (1993), Reduktionswirtschaft als Komplement zur Produktionswirtschaft - eine globale Notwendigkeit, in: Globalisierung der Wirtschaft, hrsg. von Haller, M./Bleicher, K./Brauchlin, E. et al., Bern et al. 1993, S. 383-395

Liesegang, D. G./Pischon, A. (1996), Recycling und Downcycling, in: Handwörterbuch der Produktionswirtschaft, hrsg. von Kern, W. et al., zweite, völlig neu gest. Aufl., Stuttgart 1996, Sp. 1788-1798

Liesegang, D. G./Wohlgemuth, E. (1997), Lagerhaltungsmotive, in: Vahlens großes Logistiklexikon, hrsg. von Bloech, J./Ihde, G. B., München 1997, S. 496-497

Lingnau, V. (1994), Variantenmanagement: Produktionsplanung im Rahmen einer Produktdifferenzierungsstrategie, zugl.: Berlin, Techn. Univ., Diss., Berlin 1994

Lingnau, V. (1996), Konstruktion und Fertigung im CIM-Konzept, in: WISU, 25. Jahrgang, Heft 1, 1996, S. 49-56

Malik, F. (1996), Strategie des Managements komplexer Systeme: ein Beitrag zur Management-Kybernetik evolutionärer Systeme, 5., erw. und erg. Aufl., Berlin, Suttgart, Wien 1996

Männel, W. (1983), Wenn Sie zwischen Eigenfertigung oder Fremdbezug entscheiden müssen, in: io management Zeitschrift, 52. Jahrgang, Nr. 7/8, 1983, S. 301-307

Mayer, Ra. (1993), Strategien erfolgreicher Produktgestaltung: Individualisierung und Standardisierung, zugl.: Mannheim, Univ., Diss., 1992, Wiesbaden 1993

Mayer, Re. (1991), Prozeßkostenrechnung und Prozeßkostenmanagement: Konzept, Vorgehensweise und Einsatzmöglichkeiten, in: Prozeßkostenmanagement, hrsg. von der IFUA Horváth & Partner GmbH Stuttgart, München 1991, S. 73-99

Meffert, H. (1986), Marketing, 7., überarb. und erw. Aufl., Wiesbaden 1986

Meffert, H. (1991), Marketing Strategien, in: Management heute: ein Lesebuch, Wiesbaden 1991, S. 123-135

Meffert, H./Kirchgeorg, M. (1996a), Kreislaufspezifische Zielsysteme von Herstellern langlebiger Gebrauchsgüter, in: UWF, 4. Jahrgang, Heft 4, 1996, S. 6-12

Meffert, H./Kirchgeorg, M. (1996b), Ökologieorientierte Produktgestaltung, in: Handwörterbuch der Produktionswirtschaft, hrsg. von Kern, W. et al., zweite, völlig neu gest. Aufl., Stuttgart 1996, Sp. 1325-1338

Meidlinger, A. (1994), Dynamisierte Bedarfsprognose für Ersatzteile bei technischen Gebrauchsgütern, zugl.: Heidelberg, Univ., Diss., 1993, Frankfurt am Main, Berlin, Bern et al. 1994

Milberg, J./Dieterle, A. (1993), Integration der Demontage in die Produktgestaltung, in: wt, März 1993, S. 42-44

Montau, R./Zwicker, E. (1995), Datenbankgestützte Ähnlichteilsuche in CAD anhand eindeutiger Suchmechanismen, in: Konstruktion, 47. Jahrgang, Heft 10, 1995, S. 303-310

Mühlbradt, T./Mirwald, D. (1992), Mit Komplexitätsmanagement handlungsfähig bleiben, in: io management Zeitschrift, 61. Jahrgang, Nr. 10, 1992, S. 41-43

Naumann, F. (1995), Die Vorspannkraft genauer treffen, in: Handelsblatt, Nr. 172, 06.09.1995, S.30

Nobbe, M. M. (1996), Metallbaukästen bleiben auch im Zeitalter von Bits und Bytes, in: VDInachrichten, Nr. 13, 29.03.1996, S. 38

Noschka, A. (1989), Gustav Lilienthal - (unbekannter) Erfinder berühmter Baukästen, in: Gustav Lilienthal - Baumeister, Reformer, Flugtechniker, hrsg. von Reichhard, H. J., Berlin 1989, S. 61-90

o.V. (1996), Kein A3 gleicht dem anderen, in: Die Welt, 06.09.1996, S. WR 6

Pahl, G./Beitz, W. (1997), Konstruktionslehre: Methoden und Anwendung, 4., neu bearb. Aufl., Berlin, Heidelberg, New York 1997

Papen, S. v. (1977), Rationalisierungselemente des Baukastensystems, Bonn 1977

Pepels, W. (1995), Käuferverhalten und Marktforschung, Stuttgart 1995

Pfeiffer, W./Bischof, P. (1981), Produktlebenszyklen - Instrument jeder strategischen Produktplanung, in: Probleme der strategischen Unternehmensführung, hrsg. von Steinmann, H., München 1981, S. 133-166

Pfeiffer, W./Weiss, E. (1992), Lean-Management: Grundlagen der Führung und Organisation industrieller Unternehmen, Berlin 1992

Picot, A. (1991), Ein neuer Ansatz zur Gestaltung der Leistungstiefe, in: zfbf, 43. Jahrgang, Heft 4, 1991, S. 336-357

Picot, A./Reichwald, R./Wigand, R. T. (1996), Die grenzenlose Unternehmung: Information, Organisation und Management, zweite, aktualisierte Aufl., Wiesbaden 1996

Pine, B. J. II. (1994), Maßgeschneiderte Massenfertigung: neue Dimensionen im Wettbewerb, Wien 1994

Pischon, A. (1997), Die deutsche Asea Brown Boveri AG - Ansätze zur Integration von Qualitäts-, Umwelt- und Arbeitssicherheitsmanagementsystemen, in: UWF, 5. Jahrgang, Nr. 2, 1997, S. 54-57

Pittrich, W. (1996), Ein Baukasten voller Ideen, in: mikado - Magazin für Holzbau und Ausbau, Nr. 5, 1996, S. 16-21

Planer, D. (1995), ABC-Analyse, in: WiSt, 24. Jahrgang, Heft 7, 1995, S. 382-385

Posten, K./Abels, H. (1991), Untersuchung der Auswirkung der Variantenvielfalt auf die innerbetriebliche Logistik von Klein- und Mittelbetrieben und der Möglichkeiten ihrer Reduzierung, FIR-Schlußbericht, Aachen 1991

Potucek, V. (1984), Produkt-Lebenszyklus, in: WiSt, 13. Jahrgang, Heft 2, 1984, S. 83-86

Prahalad, C. K./Hamel, G. (1990), The Core Competence of the Corporation, in: Harvard business review, May-June 1990, S. 79-91

Puth, E. (1996), Wege zur integralen Logistik, in: Handelsblatt, Nr. 146, 31.07.1996, S. 17

Rathnow, P. J. (1993), Integriertes Variantenmanagement: Bestimmung, Realisierung und Sicherung der optimalen Produktvielfalt, Göttingen 1993

Reichhard, H. J. (Hrsg.) (1989), Gustav Lilienthal 1849-1933 - eine biographische Skizze, in: Gustav Lilienthal - Baumeister, Reformer, Flugtechniker, Berlin 1989, S. 9-32

Reimers, K. (1995), Normungsprozesse: eine transaktionskostentheoretische Analyse, zugl.: Wuppertal, Univ., Diss., 1994, Wiesbaden 1995

Reiß, M. (1993), Komplexitätsmanagement (Teil 1 + 2), in: WISU, 22. Jahrgang, Heft 1, 1993, S. 54-59 und Heft 2, 1993, S. 132-137

Richter, F./Frankenfeld, T. (1994), Konstruktive Lösungen zu komplexen, flexiblen Montageaufgaben, in: Zukunftssicherung durch Innovation, Fertigungstechnisches Kolloquium, Stuttgart, Berlin, Heidelberg, New York et al. 1994, S. 426-431

Rode, F. A. (1991), Werte und Wertewandel: Der Weg zum neuen Konsumenten, in: Management heute: ein Lesebuch, Wiesbaden 1991, S. 137-150

Roever, M. (1991), Goldener Schnitt, in: Manager-Magazin, 37. Jahrgang, Heft 11, 1991, S. 253-264

Roller, D. (1995), CAD: effiziente Anpassungs- und Variantenkonstruktion, Berlin, Heidelberg, New York et al. 1995

Rommel, G. et al. (1993), Einfach überlegen: das Unternehmenskonzept, das die Schlanken schlank und die Schnellen schnell macht, hrsg. von McKinsey, Stuttgart 1993

Ropohl, G. (1972), Grundlagen und Anwendungsmöglichkeiten der morphologischen Methode in Forschung und Entwicklung (Teil 1 + 2), in: WiSt, 1. Jahrgang, Heft 11, 1972, S. 495-499 und Heft 12, 1972, S. 541-546

Ropohl, G. (1984), Baukastensysteme, in: Handwörterbuch der Produktionswirtschaft, hrsg. von Kern, W., Stuttgart 1984, Sp. 293-302

Sabisch, H. (1996), Produkte und Produktgestaltung, in: Handwörterbuch der Produktionswirtschaft, hrsg. von Kern, W. et al., zweite, völlig neu gest. Aufl., Stuttgart 1996, Sp. 1439-1451

Scheffels, G. (1996), Türmodule direkt ans Band geliefert, in: Handelsblatt, Nr. 62, 27.03.1996, S. 25

Scheffels, G. (1997a), Entwicklungschancen nutzen, in: Handelsblatt, Nr. 15, 22.01.1997, S. 25

Scheffels, G. (1997b), Delegation bis zur letzten Schraube, in: Handelsblatt, Nr. 15, 22.01.1997, S. 25

Scherer, E./Dobberstein, M. (1996), Komplexität in der Produktion beherrschen?, in: io management Zeitschrift, 65. Jahrgang, Nr. 3, 1996, S. 60-64

Scherm, E. (1996), Outsourcing - ein komplexes, mehrstufiges Entscheidungsproblem, in: ZP, hrsg. von Bloech, J. et al., Band 7, Heft 1, 1996, S. 45-60

Schiemenz, B. (1993), Systemtheorie, betriebswirtschaftliche, in: Handwörterbuch der Betriebswirtschaft, hrsg. von Wittmann, W. et al., 5., völlig neu gest. Aufl., Stuttgart 1993, Sp. 4127-4140

Schiemenz, B. (1996), Komplexität von Produktionssystemen, in: Handwörterbuch der Produktionswirtschaft, hrsg. von Kern, W. et al., zweite, völlig neu gest. Aufl., Stuttgart 1996, Sp. 895-904

Schlegel, H. (1978), Betriebswirtschaftliche Konsequenzen der Produktdifferenzierung - dargestellt am Beispiel der Variantenvielfalt im Automobilbau, in: WiSt, 7. Jahrgang, Nr. 2, 1978, S. 65-73

Schmelzer, H. J./Buttermilch, K.-H. (1988), Reduzierung der Entwicklungszeiten in der Produktentwicklung als ganzheitliches Problem, in: zfbf, Zeitmanagement in Forschung und Entwicklung, Sonderheft 23, hrsg. v. Brockhoff, K./Picot, A./Urban, C., 1988, S. 43-73

Schmidt, D. (1992), Strategisches Management komplexer Systeme: die Potentiale computergestützter Simulationsmodelle als Instrumente eines ganzheitlichen Managements - dargestellt am Beispiel der Planung und Gestaltung komplexer Instandhaltungssysteme, zugl.: Stuttgart, Univ., Diss., 1991, Frankfurt am Main, Bern et al. 1992

Schmidt, R. (1996), Marktorientierte Konzeptfindung für langlebige Gebrauchsgüter: Messung und QFD-gestützte Umsetzung von Kundenforderungen und Kundenurteilen, zugl.: Aachen, Techn. Hochschule, Diss., 1995, Wiesbaden 1996

Schmittbetz, M. (1995), Geburtsort für zweites Leben technischer Gebrauchsgüter, in: Handelsblatt, Nr. 137, 19.07.1995, S. 28

Schneeweiß, C. (1996), Flexibilität, Elastizität und Reagibilität, in: Handwörterbuch der Produktionswirtschaft, hrsg. von Kern, W. et al., zweite, völlig neu gest. Aufl., Stuttgart 1996, Sp. 489-501

Schneider, H.-J. (Hrsg.) (1991), Lexikon der Informatik und Datenverarbeitung, 3., aktualisierte und wesentl. erw. Aufl., München, Wien 1991

Schnitgerhans, H. (1997), Skoda - Heilsweg aus der Marktklemme, in: New World - Das Siemens-Magazin, Heft 1, 1997, S. 20-25

Schreiber, L. P. (1997), Kunststoffanteil im Auto nimmt zu, in: Handelsblatt, Nr. 1, 02.01.1997, S. 15

Schröder, H.-H., Zenz, A., QFD (Quality Function Deployment), in: Handwörterbuch der Produktionswirtschaft, hrsg. von Kern, W. et al., zweite, völlig neu gest. Aufl., Stuttgart 1996, Sp. 1697-1711

Schuh, G. (1988), Gestaltung und Beherrschung von Produktvarianten - Ein Beitrag zur systematischen Planung von Serienprodukten, Diss. TH Aachen 1988

Schuh, G./Caesar, C. (1989), Variantenorientierte Produktgestaltung - Standardisierung und Modularisierung von Serienprodukten, in: Konstruktion, 41. Jahrgang, Heft 6, 1989, S. 207-211

Schuh, G./Kaiser, A./Herf, H.-D. (1995), Beherrschung der Variantenvielfalt in Produktplanung, Produktentwicklung, Produktion und Vertrieb, in: CIM Management, 11. Jahrgang, Heft 5, 1995, S. 10-14

Schulte, C. (1989), Produzieren Sie zu viele Varianten? in: HARVARDmanager, 11. Jahrgang, Heft 2, 1989, S. 60-66

Schulz, A. (1990), Software-Entwurf, zweite, verb. Aufl., München, Wien 1990

Schulze, G. (1993), Die Erlebnisgesellschaft: Kultursoziologie der Gegenwart, 4. Aufl., Frankfurt/Main, New York 1993

Schulze, G. (1996), Erlebnisse vom laufenden Band, in: Absatzwirtschaft, Zeitschrift für Marketing, 39. Jahrgang, Heft 6, 1996, S. 38-41

Schuppar, H. (1991), Neue Wege der Produktentwicklung im Armaturenbau, in: VDI-Z, Band 133, Nr. 1, 1991, S. 30-36

Schurr, U./Haake, V./Henkes, S./Klein, D./Krekeler, B. (1996), Reduktionswirtschaftliche Aspekte biologischer Systeme, in: UWF, 4. Jahrgang, Heft 4, 1996, S. 52-55

Schwaninger, M. (1996), Systemtheorie, in: Handwörterbuch der Produktionswirtschaft, hrsg. von Kern, W. et al., zweite, völlig neu gest. Aufl., 1996, Sp. 1946-1960

Schwarz, H. (1995), Groß und klein - Ingenieurkunst aus dem Baukasten, in: Schwarz, H./Henze, A./Faber, M., Eisenzeit - Geschichte des Metallbaukastens, Schriften des Spielzeugmuseums Nürnberg, Band 1, Nürnberg 1995, S. 9-34

Schwarz, H./Henze, A./Faber, M. (1995), Eisenzeit - Geschichte des Metallbaukastens, Schriften des Spielzeugmuseums Nürnberg, Band 1, Nürnberg 1995

Schwarze, J. (1995), Komplexitätsreduktion durch hierarchische Dekomposition, in: WISU, 24. Jahrgang, Heft 8-9, 1995, S. 679-685

Silberston, A. (1972), Economics in theory and practice, in: The economic journal, Vol. 82, No. 325s, 1972, S. 369-391

Sliwka, M. (1992), Wenn Manager bei der Evolution in die Lehre gehen, in: HARVARDmanager, 14. Jahrgang, Heft 4, 1992, S. 87-96

Spengler, T. (1994), Industrielle Demontage- und Recyclingkonzepte: betriebswirtschaftliche Planungsmodelle zur ökonomisch effizienten Umsetzung abfallrechtlicher Rücknahme- und Verwertungspflichten, zugl.: Karlsruhe, Univ., Diss., 1994 u.d.T.: Spengler, T., Planungsmodelle zur deckungsbeitragsmaximalen Demontage und Verwertung komplexer Verbundprodukte, Berlin 1994

Stahel, W. R. (1991), Langlebigkeit und Materialrecycling - Strategien zur Vermeidung von Abfällen im Bereich der Produkte, Essen 1991

Stahel, W. R. (1994), Langlebigkeit von Gütern - Materialrecycling - Ressourceneffizienz, in: Kreislaufwirtschaft statt Abfallwirtschaft: Optimierte Nutzung und Einsparung von Ressourcen durch Ökoleasing und Servicekonzepte, hrsg. von Hockerts, K. et al., Ulm 1994, S. 57-72

Stein, I. F. (1995), Nur auf Bestellung, in: WirtschaftsWoche, Nr. 13, 23.03.1995, S. 124-126

Steinhilper, R. (1988), Produktrecycling im Maschinenbau, zugl.: Stuttgart, Univ., Diss., 1987, Heidelberg, New York et al. 1988

Strecker, A. (1991), Prozeßkostenrechnung in Forschung und Entwicklung, München 1991

Strelow, D. (1995), Menge wächst und Preise hinken nach, in: Handelsblatt, Nr. 172, 06.09.1995, S. 29

Suhr, R./Suhr, R. (1993), Software Engineering: Technik und Methodik, München, Wien 1993

Tempelmeier, H. (1996), Flexible Fertigungstechniken, in: Handwörterbuch der Produktionswirtschaft, hrsg. von Kern, W. et al., zweite, völlig neu gest. Aufl., Stuttgart 1996, Sp. 501-512

Tempelmeier, H./Kuhn, H. (1993), Flexible Fertigungssysteme: Entscheidungsunterstützung für Konfiguration und Betrieb, Berlin, Heidelberg, New York et al. 1993

Thom, N. (1992), Innovationsmanagement, Bern 1992

Troßmann, E. (1991), Beschaffung und Logistik, in: Allgemeine Betriebswirtschaftslehre, hrsg. von Bea, F. X./Dichtl, E./Schweitzer, M., Bd. 3, Leistungsprozeß, 5. Aufl., Stuttgart 1991, S. 7-68

Tuffentsammer, K. (1986), Grundlagen der Fügetechnik, in: Handbuch der Fertigungstechnik, Band 5: Fügen, Handhaben und Montieren, hrsg. von Spur, G./Stöferle, T., München, Wien 1986, S. 15-19

Türck, R. (1990), Das ökologische Produkt: Eigenschaften, Erfassung und wettbewerbsstrategische Umsetzung ökologischer Produkte, zugl.: Frankfurt (Main), Univ., Diss., Ludwigsburg 1990

Ulrich, H. (1971), Der systemorientierte Ansatz in der Betriebswirtschaftslehre, in: Wissenschaftsprogramm und Ausbildungsziele der Betriebswirtschaftslehre, Tagungsberichte des Verbandes der Hochschullehrer für Betriebswirtschaft e.V., Band 1, hrsg. von Kortzfleisch, G. v., Berlin 1971, S. 43-60

Ungeheuer, U. (1986), Produkt- und Montagestrukturierung - Methodik zur Planung einer anforderungsgerechten Produkt- und Montagestruktur für komplexe Erzeugnisse der Einzel- und Kleinserienproduktion, Fortschritt-Berichte VDI, Reihe 2, Nr. 112, zugl.: Aachen, Techn. Hochschule, Diss., 1985, Düsseldorf 1986

VDI (Hrsg.) (1993), Konstruieren recyclinggerechter technischer Produkte, VDI Richtlinie 2243, Düsseldorf 1993

Waibel, A./Hänggi, R./Boutellier, R. (1996), Wettbewerbsfähig durch Umstellen auf modularisierte Fertigung, in: io management Zeitschrift, 65. Jahrgang, Nr. 3, 1996, S. 65-70

Walter, U. (1996), Computergestützte Planung der Variantenvielfalt von Produktfamilien in Industriebetrieben, zugl.: Bamberg, Univ., Diss., Bamberg 1996

Warnecke, H.-J. (1997), Komplexität und Agilität - Gedanken zur Zukunft produzierender Unternehmen, in: Komplexität und Agilität: Steckt die Produktion in der Sackgasse?, hrsg. von Schuh, G./Wiendahl, H.-P., Berlin, Heidelberg, New York et al. 1997, S. 1-8

Wedekind, H. (1973), Systemanalyse, München 1973

Weege, R.-D. (1981), Recyclinggerechtes Konstruieren, Düsseldorf 1981

Weggen, E. (1982), Bausteine flexibler Fertigungssysteme, in: Werkstatt und Betrieb, 115. Jahrgang, Heft 9, 1982, S. 599-601

Wegner, G. (1972), Systemanalyse, in: Organisation als System, hrsg. von Bleicher, K., Wiesbaden 1972, S. 191-198

Wiese, H./Geisler, M. (1996), Standardisierung, in: Handwörterbuch der Produktionswirtschaft, hrsg. von Kern, W. et al., zweite, völlig neu gest. Aufl., Stuttgart 1996, Sp. 1897-1912

Wildemann, H. (1990), Die Fabrik als Labor, in: ZFB, 60. Jahrgang, Heft 7, 1990, S. 611-630

Wildemann, H. (1998a), Die modulare Fabrik: Kundennahe Produktion durch Fertigungssegmentierung, 5., neu bearb. Aufl., München 1998

Wildemann, H. (1998b), Komplexitätsmanagement durch Prozeß- und Produktgestaltung, in: Komplexitätsmanagement, hrsg. von Adam, D., Schriften zur Unternehmensführung, Band 61, Wiesbaden 1998, S. 47-68

Wilke, B. C./Jorden, W. (1994), Konstruktion recyclinggerechter Produkte, in: UWF, 2. Jahrgang, Nr. 5, 1994, S. 31-36

Wolters, H. (1995), Modul- und Systembeschaffung in der Automobilindustrie: Gestaltung der Kooperation zwischen europäischen Hersteller- und Zulieferunternehmen, zugl.: Berlin, Freie Univ., Diss., Wiesbaden 1995

Wolters, H., (1996), Produktion wird verlagert, in: Frankfurter Allgemeine Zeitung, Nr. 217, 17.09.1996, S. B7

Womack, J. P./Jones, D. T./Roos, D. (1994), Die zweite Revolution in der Autoindustrie, Konsequenzen aus der weltweiten Studie aus dem Massachusetts Institute of Technologie, 8., durchges. Aufl., Frankfurt, New York 1994

Wüthrich, H. A./Winter, W. B. (1996), Der Zulieferer im 21. Jahrhundert: veränderte Spielregeln - neue Schlüsselkompetenzen, in: io management Zeitschrift, 65. Jahrgang, Nr. 6, 1996, S. 62-67

Zahn, E. (1996), Kernkompetenzen, in: Handwörterbuch der Produktionswirtschaft, hrsg. von Kern, W. et al., zweite, völlig neu gest. Aufl., 1996, Sp. 883-894

Zahn, E./Schmid, U. (1996), Produktionswirtschaft I: Grundlagen und operatives Produktionsmanagement, Stuttgart 1996

Zäpfel, G. (1982), Produktionswirtschaft, Operatives Produktionsmanagement, Berlin, New York 1982

Zehbold, C. (1996), Lebenszykluskostenrechnung, zugl.: Erlangen, Nürnberg, Univ., Diss., 1995, Wiesbaden 1996

Zich, C. (1996), Integrierte Typen- und Teileoptimierung: neue Methoden des Produktprogramm-Managements, zugl.: Kassel, Univ., Diss., 1995, Wiesbaden 1996

Zimmermann, G. (1988), Produktionsplanung variantenreicher Erzeugnisse mit EDV, Berlin, Heidelberg, New York 1988

FSC
www.fsc.org
MIX
Papier | Fördert
gute Waldnutzung
FSC® C083411

Kolibri 360 GmbH
Ferdinand-Jühlke-Straße 7
99095 Erfurt, Deutschland
produktsicherheit@kolibri360.de

Druck:
CPI Druckdienstleistungen GmbH
im Auftrag der
Kolibri 360 GmbH
Ferdinand-Jühlke-Str. 7
99095 Erfurt